JN157969

と思えた。こういう気持ちが強いのは、筆者が道外出身者だからかも知れない。第二の故郷・北海道のことは、とにかく何でも知りたいのだ。

ここで本題に入る前に、三つの話題を紹介しておきたい。

◎　最初は、筆者と同じ福井県出身で著名な作家・津村節子（芥川賞受賞。夫は作家・吉村昭）の代表作『絹扇』の話である。

この小説は、明治期から大正期にかけて、〝白羽二重〟で知られる福井県の絹織物業を陰で支えて来た機織りの女性たちを描いているが、これを読んで、筆者にはすぐピンとくるものがあった。

小説の舞台となった同県旧春江町や筆者の故郷・旧丸岡町（いずれも現坂井市）は、古くから機織り業が盛んで、近所に多い町工場からは、いつも「カタコンカタコン」という織機の音が聞こえていた。

一方、歴史的には、福井県からも随分と北海道に移民が来ている。多いときは年に五、〇〇〇人も来たというが、ピークは明治二〇年代後半から四〇年代だったようだ。

しかし、大正八年（一九一九）あたりから急激に減少しているらしい。その原因は、最近まで気付かなかったが、どうやら関東の桐生、足利などを凌ぐほどに発展した福井県の織物産業が、大きく影響しているらしいのだ。

つまり、この産業のぼっ興―繁栄によって、農家の次男・三男も、わざわざ北海道移住しなくても食えるようになったということだ。

とすると、北海道移民の比較的多い北陸四県の中でも、福井県からの移民は、他県とはひと味違った推移をたどっていることになる。

◎　二つ目の話題は、藍産業の盛衰が北海道移民に及ぼした影響のことだ。藍とは例の染め物原料のことで、このことに関しては本文に詳しく述べているので、ここでは要点に触れる程度にとどめるが、かつて藍産業が盛んだった四国の徳島県では、これが衰退していくと、生きるために県民の多くが、というより県をあげて、北海道移民に取り組むのだ。（なお、本文では詳しく触れなかったが、開拓使時代、庄内士族が道南の大野や札幌で桑園造成の汗を流したことなどで知られる「養蚕」についても、移民に伴う逸話が遺っている）。

◎　三つ目の話題は、著者が道南・福島町の福島大神宮を訪れたときのことだ。夜、篝火の中で見た「松前神楽」の舞に魅入っているうちに、ふと郷里・福井県坂井市の実家付近にある八幡神社で、秋に行われる「日向神楽」（無形文化財）の舞を思い出した。

筆者は高校時代まで、ここで日向神楽の舞い手をつとめていた時期があった。

《あの秋のお祭りに奉納される神楽の舞は、目の前で演じられているものと、よく似ている気がする…。》

日向神楽は、江戸時代頃、日向国（宮崎県）から丸岡にお国替えになった丸岡城主（有馬氏）が、神楽の舞い手ごと移って来て以来、わが郷里に根付いたものらしい。そうすると、松前神楽のルーツも調べていけば、まだまだ面白い話が分かってくるのでは…。日向国から神楽が北陸・東北に伝わり、さらに北海道に伝承されたというようなことがあったかも知れない。そこには人びとの移住の話が絡んでいるのかも…。そう考えていくと、自分の周りの郷土芸能ひとつとっても、興味は尽きない。

《移民についての漠然とした想い》

最近まで、筆者はいろんな資料を眺めながら、漠然とではあるが、北海道移民の流れについて次のように想像するようになった。

① 北海道移民（屯田兵移民も、当然含まれる）は、最初はごく少なかったが、幕末〜明治〜大正期頃へと移るにつれて、徐々に数が増えていったようだ。また、そのピークは大正期頃のようだ。

②　松前藩は、砂金掘り鉱夫などごく一部を除いて、自藩の都合で、極端によそ者の流入を規制したらしい。

③　移民の数は、なぜか東北地方、北陸地方、四国地方の順に多いらしい。

④　北前船で交易をしていた商人やその雇われ人、ヤン衆と呼ばれる漁民などが内地から渡道して住み着いたり、失業士族が屯田兵に応募したり、農商工の次男、三男らが団体移住・個人移住をしたりしたようだ。

⑤　移民が増えてきても、開拓使の時代（明治二〜一五年（一八六九〜八二））頃までは、道南・石狩あたりに住民が偏在（へんざい）し、道東・道北などは人家が少なく、閑散（かんさん）としていたようだ。

ここまで考えてきて、さらに次々と疑問が沸いて来る。例えば、

①　幕末まで、松前藩はともかくとして、幕府（とその出先としての箱館奉行所）自身も、いくらか移民増大に尽力したのではないか。

②　東北・北陸地方はともかくとして、四国地方からの移民が多いのはどうしてだろう。

③　明治二九年（一八九六）頃、高知県から北見方面に入植した北光社のリーダー・坂本直寛（なおひろ）（坂本龍馬の姉の子）の例からして、四国各県の中でも、高知県からの移民が最も多いのかと思っていたが、どうやら徳島県が多く、高知県は一番少ないようだ。なぜ

だろうか。

④　屯田兵応募は、当初は旧士族が中心だったらしいが、農業経験のない彼らが、開拓の仕事をうまくやっていけたのだろうか。

⑤　第二次大戦直後、外地からの引揚者や空襲で焼け出された人びとが、北海道に入植してきたと聞くが、実態はどうだったのだろうか。

といった具合である。

こうした自らの疑問を吹っ切るためにも、諸資料を整理・検証しながら自分なりに北海道移民史をまとめ、後世に伝えていきたい、と思った。

これが、この本を執筆するに至った直接の動機である。

《北海道総人口の推移を眺めて想う》

ここで、問題意識を一歩深める手法として、北海道（全道）の総人口の推移を眺めておきたい。その増減は自然増、社会増などによるのだが、この中には当然、移民による増加や流失による減少も含まれている。

さて、その総人口は、手元の資料によると、次のような推移をたどっている。

明治　二年（一八六九）　約　　六万人　＊七月、開拓使設置。幕末には既に約一〇万人を超えていたともいわれる。
明治一五年（一八八二）　約　二四万人　＊二月、開拓使廃止
明治一九年（一八八六）　約　三〇万人　＊一月、北海道庁設置
明治三四年（一九〇一）　約一〇一万人　＊一〇〇万人を突破
大正　元年（一九一二）　約一七四万人
大正一〇年（一九二一）　約二四〇万人　＊二〇〇万人を突破
昭和　元年（一九二六）　約二四四万人
昭和一〇年（一九三五）　約三〇七万人　＊三〇〇万人を突破
昭和二三年（一九四八）　約四〇二万人　＊四〇〇万人を突破。昭和二〇年敗戦
昭和三三年（一九五八）　約五〇七万人　＊五〇〇万人を突破
平成　元年（一九八九）　約五六九万人
平成二二年（二〇一〇）　約五五〇万人

こうしてみると、幕末期にはもちろん、開拓使時代（明治二〜一五年）末期を見ても、案外、少ない人口だったことがわかる。

その後、明治一九年（一八八六）一月、北海道庁が設置された頃から急激な増加を続け、

明治三四年（一九〇一）頃に一〇〇万人を突破した。さらに、昭和元年（一九二六）頃、二四〇万人ほどになるが、五〇〇〇万人台に到達したのは昭和三三年（一九五八）頃と、ごく最近のことだ。

なお、「移住人口」の推移等については、本稿の中で見ていくこととするが、大正八年（一九一九）頃がピークで、この頃の移住者が、年間九万人の大台を超えていることは、とくに注目される。

また、これも書き進める過程で触れていくが、どうやら、日清戦争（明治二七〜二八年）、日露戦争（明治三七〜三八年）、第一次大戦（大正三〜七年）といった戦争の終戦直後あたりに、移住者が急増していることが、特異現象としてあらわれているようだ。

《本書のねらい》

本書では、読者の皆様に北海道移民史のことを、できるだけわかりやすく紹介したい。

また、その便法として、具体的な移民事例などを、《トピック》という形で所どころに挿入（そうにゅう）しながら、記述していくこととした。

なお、北海道移民史に関連して、巻末に「〔補稿〕ブラジル移民史と北海道」を記述した。

歴史探訪　北海道移民史を知る！

目次

はじめに

第二章　開拓使時代の移民（明治二～一五年）

第四章 道庁初期時代の移民(明治一九〜四二年)

第七章　戦中から戦後にかけての移民（概ね昭和二〇年以降）

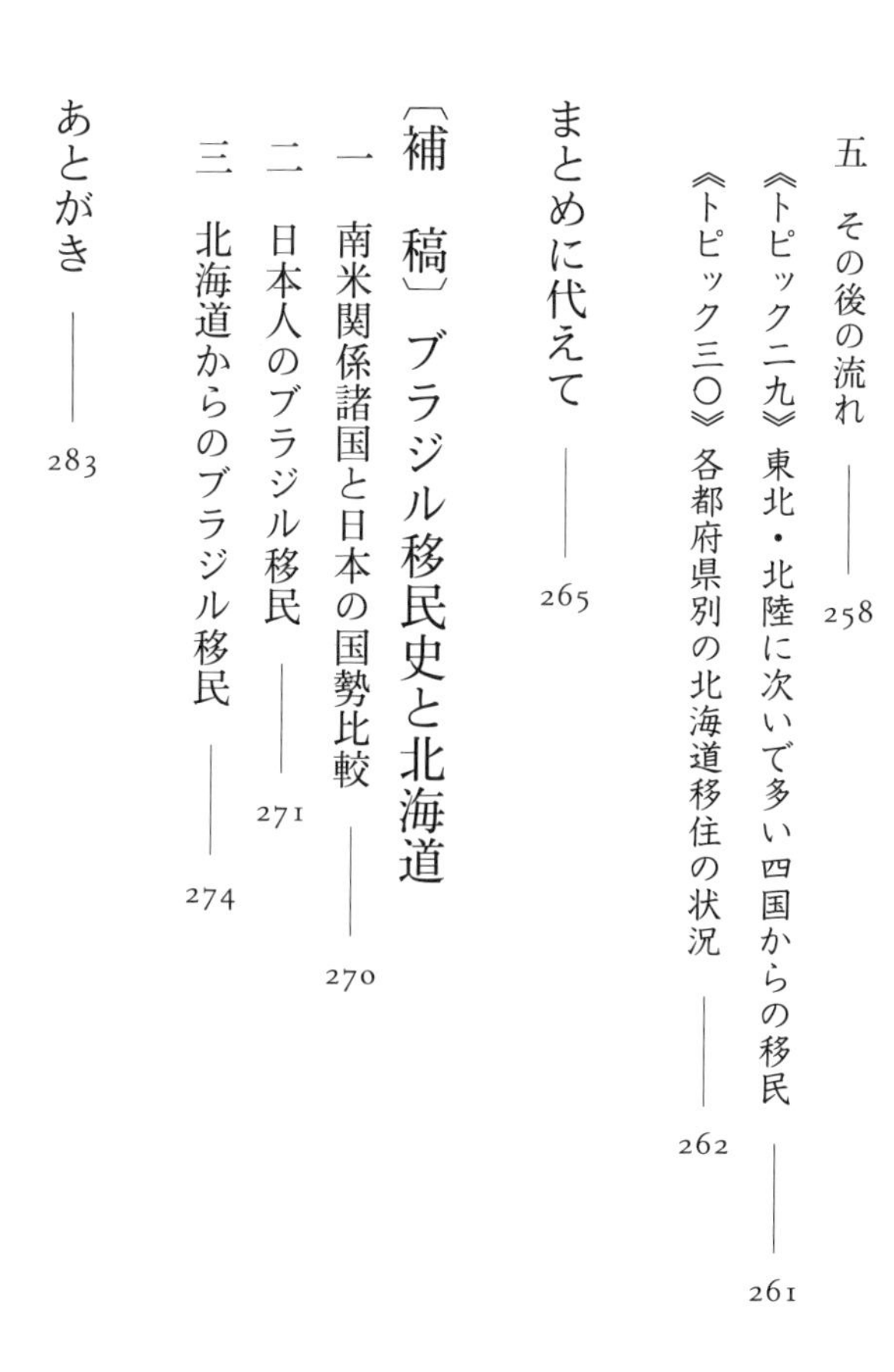

第一章　幕末以前の移民（明治元年以前）

一　和人移住の始まり
―松前慶広の蝦夷地支配の確立〔天正一八年（一五九〇）以前〕

天正一八年（一五九〇）、松前慶広（蠣崎季広の三男。松前藩初代藩主）が、豊臣秀吉に認められて蝦夷地（北海道）支配者の地位を確立したが、ここでは、主にそれ以前の和人移住について簡単に触れる。

①　戦乱を避けて渡道―〝渡党〟

文治五年（一一八九）、源頼朝が奥州を平定。それまで奥州の覇者だった藤原泰衡は、源頼朝に敗れ蝦夷地に逃げようとした。しかし、肥内郡贄柵（秋田県大館市）で郎従・河田次郎に殺され、藤原氏は滅亡した。

その頃、部下の将兵の多くが蝦夷地に脱出して来たようだ。彼らは〝渡党〟と呼ばれたという（後述②の鎌倉幕府に流刑とされた者たちを含め、〝渡党〟と呼ばれたとも考えられる）。

注・一四世紀に書かれた『諏訪大明神絵詞』によれば、蝦夷地は「日の本」、「唐子」、「渡党」の三集団に分れているとも記されている。

嘉吉三年（一四四三）には、安東盛季（青森県の十三湊を拠点とした豪族・下国安東氏の祖）らが南部氏（青森県東部と岩手県にまたがる地域の豪族）に攻められ、十三湊を放棄して渡道した。

また、享徳三年（一四五四）には、下国安東政季が、武田（蠣崎）信広、河野政通らを従えて、南部大畑（青森県むつ市）より渡道している。

② 罪人が島流しに

建保四年（一二一六）、鎌倉幕府は東寺凶族以下強盗、海賊の類五〇余人を蝦夷地へ流したとの記録（『吾妻鏡』）や、源実朝の代に、強盗・海賊の従類数十人を搦め捕り、蝦夷地に流したという記録（『新羅之記録』）などが残っており、蝦夷地が、鎌倉幕府の流刑地とみなされていたことがわかる。

③　奥羽地方などの凶作時に渡道

松前慶広が蝦夷地支配を確立した天正年間以降の話が主体になるが、宝暦期（一七五一〜六二）・天明期（一七八一〜八八）・天保期（一八三〇〜四三）の飢饉などの際、蝦夷地は比較的天然資源・食料に恵まれていた。このため津軽、南部各地方などから、多数の窮民が渡道している。

例えば、宝暦五年（一七五五）秋には、飢饉のため南部・津軽より蝦夷地に移住する者が多かったとか、天明四年（一七八四）には、前年からの飢饉のため、津軽から蝦夷地に渡来した者が八〇〇人余に及んだとの記録（『新北海道史年表』）に見える。

④　漂流民が土着

和船は構造的に暴風雨に弱く、海難事故が頻繁に発生したことは、よく知られている。その際、船乗りや漁民らが蝦夷地に流れ着いたりして、蝦夷地に定着することがあったようだ。

⑤ 出稼ぎに来て留まる

蝦夷地への移住は、松前藩によりかなり規制されてはいたが、それでも商人や漁民たちが松前などに出稼ぎに来て留まり、移住する例がしだいに増えていったようだ。

⑥ その他の例

永仁年間（一二九三～九八）頃、日蓮上人の高弟・日持上人が布教のため渡道し、一説では箱館、松前、江差を経て、さらに樺太にまで至ったというが、真偽は不明である。

また、内地より鷹狩のために渡道したり、砂金採取などのため鉱夫が渡道したこともあったし、檜山地方が拓けたのち、内地から樵が渡道したこともあったようだ。

砂金を採取した箇所は全道にまたがっており、古くから採取が行われていたと思われるが、天正期以降の寛文九年（一六六九）頃で見ると、七カ所（島小牧、ケノマイ（計乃麻恵）、シブチャリ、十勝、運別（宇武辺知）、国縫、夕張）に砂金採掘場が開かれていた。

また、砂金採り鉱夫の数は相当なもので、元和七年（一六二一）には三万人以上、前年は五万人以上に及んだともいわれる。

彼らは松前藩主に運上金を納め、川ごとの採掘権を得て砂金を採掘していた。

二　前期松前氏の時代の移民―松前藩初期の移民政策
〔天正一八年～寛政一一年（一五九〇～一七九九）〕

前述のとおり、天正一八年（一五九〇）、松前慶広（松前藩初代藩主）が豊臣秀吉に臣従し、さらに慶長九年（一六〇四）、徳川家康より「黒印状」を与えられ、蝦夷地に対する権力基盤を確立した。

それ以降、寛政一一年（一七九九）までの間は、松前氏（松前藩）が蝦夷地を支配している。

この間の特徴として、松前藩は蝦夷地移民について積極策をとらなかった。むしろ、領内を「和人地」と「蝦夷地」に区分して関所を設けたり、蝦夷地を知行（ちぎょう）として藩士に与えたり、「旅人（たびと）」（後述）・商人の入り込みを制限するなどして、和人の移住については、かえってこれを制限したようだ。

注・「和人地」は、福山（松前）を中心に、東は亀田付近から、西は熊石に至る海岸数十里の地域。それ以外は「蝦夷地」と定め、これを多くの場所に区画し、知行として藩士に与え、または直轄領とした。

《トピック一》「旅人」と近江商人

松前藩は、「松前に本籍が無く滞在する者」を期間の長短にかかわらず、皆、「旅人」として取り扱った。

そのうえで、福山、江差、箱館の三港に「沖の口番所」を置いて年齢、職業などを調べ、引受人のある者には「鑑札」を渡して滞在を許し、「役銭」(税)として一人当たりいくらかの金を収めさせた。ただ、実際は取り締まりが厳重ではなく、しだいに土着する者が増えていったようだ。

なお、旅人のうち主なものは商人で、その中でも最も勢力のあったのは、「近江商人」であった。

「近江商人」の渡道は、天正、慶長の頃に始まり、初めは行商としてやって来たが、のちには店舗を開くに至った。彼らの資格は旅人だったので、郷里から派遣された店の従業員らは寄留期限を五年とされ、それを更新した。

近江商人は松前の商権、金権の大部分を握り、場所（漁場）請負いも多くその手に帰したので、勢力ははるかに土着商人を凌ぎ、「両浜町人」として松前藩も歓迎、藩主への謁見も許されたほどだった。

米の供給地は津軽が主で、南部、秋田、庄内、北陸の各地方が、これに次いだ。しかしこれらの地方、とくに津軽、南部など奥羽地方は、前述したようにたびたび飢饉に襲われた。

このことは、当然、松前藩領にも影響があった。ただ、同藩の場合は、他の地方から移入し得るだけでなく、足らないところは干し魚、海藻や山菜など地元産の天然食料をもって補うことができたし、人口も少なかった。

このため、飢饉被害は比較的少なく、死者を出すようなことはほとんどなかったようだ。逆に飢饉の際は、津軽・南部などから多数の窮民が渡来するような現象も、見られたらしい。前記の宝暦、天明の飢饉はその顕著な例である。

《トピック二》　金掘り鉱夫に紛(まぎ)れて流入した切支丹たち

金や砂金の産出のため、内地から鉱夫が多数入り込んだり、檜山(ひやま)地方が拓けたのち樵(きこり)が多数、渡道するようなこともあった。

前者については、例えば道南の千軒金山は、慶長九年（一六〇四）に幕府から松前藩に下賜(かし)されていたが、元和三年（一六一七）頃、松前公広(きみひろ)が本格的に領内の金山開発に着手して、空前のゴールドラッシュとなった。

その頃、松前藩の切支丹(きりしたん)に対する取り締まりは比較的緩やかだったので、内地から逃れて来た多数の切支丹が、紛(まぎ)れて金山に入ったといわれる。

しかし、寛永一六年（一六三九）、松前藩は幕府の圧力もあって一大決心をし、道南の大澤および千軒岳における切支丹の金掘りの男女一〇六人を斬首に処した。

この事件以後、多くの金堀りが逃散(ちょうさん)したりして、道内の金採取業が大打撃を蒙(こうむ)ったといわれる。なお、この頃より蝦夷地で鷹場所(たかばしょ)の設置が開始されたようだ。

ともあれ、この時代末の蝦夷地の和人人口は二～三万人程度だったと推定され、その数はごく少ないものだった。

〔和人の戸数・人口数〕

元禄一四年（一七〇一）　戸数三、〇〇三戸、人口二万八六人

天明　七年（一七八七）　戸数六、七〇五戸、人口二万六、五六四人

三　第一次蝦夷地幕領時代の移民

〔寛政一一年～文政四年（一七九九～一八二一）〕

寛政一一年（一七九九）一月、幕府は「東蝦夷地」を直轄地とした。

この時代においては、和人移住を制限した前期松前氏の時代に比べて、幕府（官）自ら蝦夷地への移民を募集したり、旅人制度が自然消滅し、自由移民が認められて増加するなどの、変化が生じてきた。

《トピック三》　八王子千人同心の蝦夷地移住

「八王子千人同心」とは、江戸幕府の職制の一つで、武蔵国多摩郡八王子（東京都八王子市）に配置された、郷士身分の幕臣集団を指していう。その任務は、甲州口の警備・治安維持だった。

彼らは甲斐武田氏の遺臣を中心に、近在の地侍、豪農などで組織されており、徳川幕府の庇護下にあった。

寛政一一年（一七九九）、八王子千人同心組頭の原半左衛門（胤敦）は、次男・三男対策として蝦夷地の開拓・警備を幕府に願い出た。

翌一二年一月、許可が下りると、弟の原新介とともに千人同心子弟一〇〇人を伴って出発し、箱館に上陸した。

その後、新介ら五〇人は勇武津（苫小牧市勇払）に入植、半左衛門ら五〇人も道東の白糠（白糠町）へ入植した。同一三年には、さらに三〇人が渡道している。

しかし、飢えと極寒の自然環境などで開拓は思うにまかせず、文化元年（一八〇四）までに多数の病人・死者を出し、入植四年目で開拓を断念した。

なお、別に、組頭格三人が家族とともに渡道したが、彼らは幕府役人として連絡指導・農業指導に当たっている。

千人同心の移住・開拓は、諸事情で思うように進まなかったが、この時代を象徴するできごとで、「北海道における〝屯田の鏑矢（かぶらや）〟」と評されている。

幕府自らが移民を募集

この時代のもう一つの象徴的なできごとは、主に道南の箱館地方における「移民の官募」、つまり幕府が自ら移民を募集したことだった。

幕府の現地機関であり実務を担う箱館奉行所は、豪商など有志に開墾を奨励する一方で、出願する者には土地を割り渡して経営させた。

その際の開墾地は、道南の中野郷（上磯）、一本木（大野村）、千代田（同）などである。

ただ、幕府による官営開墾には多額の経費を要したので、文化五年（一八〇八）には縮少し、既墾地を維持するにとどめるようになった。凶作に遭って官民事業が頓挫（とんざ）し、移民が多く離散するようなこともあった。

しかしながら、前期松前氏の時代に比較すると、幕府自らが移民を募集していたことは、大きな前進といえよう。また、開拓使時代以後だけではなく、それ以前に幕府が蝦夷地移民の実現に力を尽くしていた、という事実は、もっと知られてもよいと思う。

なお、前時代に禁じた旅人制度の自然消滅とともに、これらの土着永住も認められ、内地から自由移民として続々と入地を見るに至った。

注・例えば、天保四年（一八三三）、旅人より松前の人別に七三人が編入されたとの記録がある。

ただ、文化四年（一八〇七）に、西蝦夷地を合わせ直轄にして以降は、幕府はあまり移住に力を尽くさなかったので、入地戸数が増加したのは主に東部であった。

箱館は文政期（一八一八〜一九）の初め、既に一、〇〇〇戸に達しており、近在に本郷、中野、峠下などの諸郷を生じていた。

以下、やや重複するが、この時代の主なエポックを列記しておく。

寛政一一年（一七九九）

一月、幕府、「東蝦夷地」を直轄地とする（〜文化四年）。

この年、移民を官募。各場所に穀物・蔬菜を試作し、とくに浦河・様似などで好成績を収めた。

一〇月、幕府が南部・津軽両藩に対し、箱館警備を命じた。

寛政一二年（一八〇〇）

一月、「八王子千人頭」原半左衛門が、幕府に蝦夷地警備と開拓の目的で移住する件を許可される。一人につき三人扶持、手当金一ヵ月三分づつを支給し、「原半左衛門手付の者」と呼ばせた。

三月、原半左衛門、弟新助と部下同心の子弟約一〇〇人を伴いて蝦夷地へ向う（半左衛門は五〇人をもって白糠（しらぬか）に、新助は五〇人をもって勇払に入地）。各二五挺（ちょう）の銃をそろえ、警備・開墾に当たらせた。

この年、幕府は箱館付近で「官募移民」により水田耕作を試み、相応の収穫を得た。箱館奉行は成功を確信する。

享和　元年（一八〇二）

八王子千人同心、第三次移住三〇人が八王子出発した。両屯田の成績は思うようには進まず、病死する者や帰郷する者もあって、三年後には八五人に減少した。

文化元年（一八〇四）

八王子同心による屯田が終了。

二月、半左衛門自身は箱館奉行支配調役に任じられ、手付きの者は同奉行所に採用された。

八月、幕府が南部・津軽両藩の蝦夷地勤番を、寛政一一年より七カ年の期限付きから、永々勤番に改めた。

この年、箱館奉行が箱館付近の土地を選定し、官営による墾田事業を実施することとし、幕府の許可を得た。

翌文化二年から着手し、越後・南部各地方などから農民を募集して開墾に従事させた。同二年中に成功した水田は、大野村・文月村などで一四〇町歩、畑は濁川（にごりかわ）村、文月村などで二〇町歩に達した。

文化四年（一八〇七）

幕府は「西蝦夷地」を直轄地とし、松前氏を陸奥国伊達郡梁川（やながわ）（福島県伊達市梁川町）に移封した。

〔戸数・人口数〕

文化年間（一八〇四〜）和　人　戸数八、八八〇戸、三万一、七四〇余人、

アイヌ　戸数六、〇三〇戸、三万六、八〇〇余人

四　後期松前氏の時代の移民〔文政四年〜安政元年（一八二一〜五四）〕

文政四年（一八二一）、幕府は蝦夷地の全部を松前藩に還付（復領）した。

しかし、代々の松前藩主からは、優れた行政手腕を発揮する者が出ず、藩の士風も廃頽（はいたい）して政治が乱れる傾向があった。

この頃、開明的君主といわれた水戸藩主・徳川斉昭（なりあき）が、蝦夷地を自藩で取得してこれを開拓警護したい、と幕府に要請した。このことは、松前藩に対する一大警鐘（けいしょう）にもなり得たはずだったが、実現には至らなかった。

この時代は、総じて政治的には見るべきものはなかったが、移民の数の方は増えていった。とくに天保の飢饉（ききん）（一八三三〜三九頃）のときなどには、松前地方の住民が妻子を伴い西蝦夷地に移住しただけでなく、南部・津軽・秋田などの奥羽各地からも多数の人びとが渡道し、移住してきた。

このうち、天保七年（一八三六）の例では、松前藩は領内の窮民に備米・乾魚などを与えて救助し、松前に渡って来た南部・津軽の人びとには、銭と食料を与えて帰したという。

ただし、古来の慣習上、積丹半島の神威岬から先は、婦女の通行が許されなかったので、妻子を伴った移民はこれより北には進めず、みな古平以南にとどまらざるを得なかった。

このため、これらの諸場所では人口が増加し、天保八年（一八三七）には、とくに移住者が多かった。最も繁栄したのは岩内で、天保の飢饉以前、和人がわずか二〇余戸だったのが、嘉永年間（一八四八〜五三）には、五〇〇〜六〇〇戸に増えた。近くの磯谷・歌棄・寿都などの諸場所も、みな一〇〇〜二〇〇戸になっている。

なお、この時代末期の蝦夷地の和人人口は、約六万四、〇〇〇人ほどだったらしい。

〔和人の戸数・人口数〕

嘉永六年（一八五三）　一万三、七八七戸、六万三、八三四人

五　第二次蝦夷地幕領時代の移民〔安政元年〜明治元年（一八五五〜六八）〕

嘉永六年（一八五三）のペリーやプチャーチンの来航、安政元年（一八五四）三月の日米和親条約締結などを経て、「箱館開港」が決定された。

そこで幕府は同年六月、松前藩より箱館及び同所より五・六里四方を上知（知行地を没

収）させるとともに、箱館奉行を置いた。

安政二年（一八五五）二月には、松前藩に命じて、蝦夷地の大部分（東部木古内以北、西部乙部以北）を返上させて、再び幕府の直轄支配地とした（第二次蝦夷地幕領時代。このとき、代替措置として一二月、松前藩に陸奥国伊達郡梁川・出羽国村山郡東根（ひがしね）（山形県東根市）を与え、三万石の大名とした）。

これ以降、幕府はいっそう拓殖事業を推進し、移民増加策についても、前時代に見られない施策をとった。

人口もこの時代の末期には、後述するように五万八、〇〇〇人（ないし一〇万人）ほどに増加している。

（二）西蝦夷地の発展

幕府の機関である箱館奉行は、積丹（しゃこたん）半島の神威岬を婦女が通過することができないというこれまでの慣習を無視し、官民に妻子を連れて行くことを奨励した。

これにより、小樽、余市、石狩などの地域は大いに繁栄した。

そのほか、西蝦夷地への新道を開削したり、沖口役所の改めを無くすることなどにつとめた。

(二)士族の在住―いわゆる「在住(さいじゅう)」制による募集

幕府は、以前にも増して北方警備・開拓が緊急課題だと考え、江戸の旗本・御家人の次男、三男厄介者(やっかい)その他陪臣(ばいしん)、浪人たちを、家族とともに蝦夷地に移住させた。のちの屯田兵のように、兵農を兼ねさせたもので、その意味では、前述の八王子同心の移住に次ぐ〝屯田の鏑矢〟ともいえよう。

具体的には、東は箱館からエトモ(室蘭)あたりまでの間に三〇〇人、西は江差からオタスツ(寿都(すっつ))までの間に三〇〇人、計六〇〇人ほどの「御目見(おめみえ)以上・以下」の者、その子弟、家族らに対して土地を与え、決まった家禄のほか、引っ越し料、毎年の手当などを支給する、という仕組みであった。

この施策は、安政三年(一八五六)九月から募集したのが、その始まりだといわれる。ただ、この「在住」制といわれる制度は、在住者自らが開拓を行うものではなかった。

つまり、「在住の者が農民を引き連れて移住して来る」（やがては在住に年貢を納める）ことが期待されていたのだ。

この原則のもとで、実際に多いときには一〇余戸の農民を連れてきた例もあったようだ。安政三年〜文久二年（一八五六〜六二）の間には、一一六人が箱館近在と蝦夷地各地に居住するようになっていた。

石狩方面の発寒（はっさむ）、篠路（しのろ）、星置（ほしおき）、琴似（ことに）、張碓（はりうす）や小樽内（おたるない）（小樽）などにも入地したらしいが、ピーク時は安政五〜六年（一八五八〜五九）だったようだ。

しかし、結果的には、この在住制はきわめて定着率が悪かった。当初予定の六〇〇人には遠く及ばず、しかも幕府首脳は、この程度の在住制を維持する財政負担さえをも問題にしていた。

こうした事情もあり、漸減（ぜんげん）していったようである。ただ、七重（ななえ）（七飯）、発寒（はっさむ）、室蘭などには集落ができた。

うち安政四年（一八五七）に札幌近郊の発寒、星置（ほしおき）などに入った者は、石狩原野開拓の先駆をなしている。

（三）御手作場を開く

安政二年（一八五五）、元幕府普請改役・菴原菡斎という者が、道南の銭亀澤村亀ノ尾（現函館市亀尾町）に入って開墾した。

注・庵原菡斎…常陸（茨城県）出身で江戸後期の開拓者。元幕臣で普請方改役を最後に隠居し、箱館奉行配下になった孫・勇三郎に同行し箱館に渡る。郊外の亀ノ尾に入植し水稲・果樹などの栽培に成功。名は道麿。

その成績が非常に良好だったことから、箱館奉行所がこれを賞し、この事業を官費の経営に移して開墾地を「御手作場」と称した。

こうして発足した御手作場は、「幕府の直営的な開墾場」だったといえよう（ただし、個人的な開拓を助成していた場合も、この名で呼んでいたという）。

翌三年、箱館奉行所は越後国蒲原郡井栗村（新潟県三条市）出身で、幕府の蝦夷地御用方だった松川弁之助に命じて、数戸を箱館在の赤川村字石川澤に移し、御手作場を設けたりした。

安政四年（一八五七）にも、弁之助に命じて岩内場所に御手作場を設けている。

翌五年には、箱館奉行所雇吏の新井小一郎という人が、関東、越後の農民一〇〇余戸を募移して、山越内場所長万部付近に御手作場を開いた。

安政六年（一八五九）には、同雇吏の新妻助惣（後述する二宮尊徳の門弟）らが、箱館在鶴野に農民数十戸を募移して御手作場を開き、次いで木古内村にも開いた。また同年、石狩在勤調査並（幕府の役人）の荒井金助が、官費で石狩原野に篠路村を開いている。

その地にも、在住者が独力または組合を作って内地から農民を募移し、開墾をする者があったので、幕府は彼らに資金を与えて御手作場とした例があった。

文久二年（一八六二）の調査では、御手作場は箱館付近に一一カ所（農民三〇〇余人）、長万部付近に四カ所（農民三四〇余人）置かれており、その他、岩内原野、石狩原野にもあったようだ。

御手作場は徐々に増えていき、最後に開かれたのは石狩原野の元村（のち開拓使時代に至り「札幌村」と改称）だった。

ここは相模国足柄下郡西大友村（神奈川県小田原市）出身で二宮尊徳の門弟・大友亀太郎が担当し、慶応二〜三年（一八六六〜六七）頃、農民数十戸を募移して開墾している。

御手作場に対する保護は一定しなかったが、普通は旅費、家屋、器具、種子および三年間の食料を給与し、地元において出願する者には食料の半額を給与した。

ただ、保護している期間は事業に従っていても、期間が過ぎれば離散する者も少なくなかったらしい。

《トピック四》　二宮尊徳の開拓法

御手作場との関連で特筆されるのは、相模国足柄上郡栢山村（神奈川県小田原市）出身の農政家・思想家二宮尊徳の開拓法だ。尊徳は小田原藩などで疲弊した農村の再興に活躍し、その名は蝦夷地にも聞こえていた。

そこで箱館奉行所は、尊徳の直接指導を依頼したのだが、尊徳は高齢などの事情もあり、自分の開墾法を熟知する門弟（相馬藩（福島県相馬市）の藩士・新妻助惣ら三人）を推薦した。

彼ら三人は、さっそく渡道して、箱館周辺で報徳仕法による開拓に当たった。

安政五年（一八五八）五月、彼らから提出された計画は、三〇年間に六〇〇〇戸を順次移住させ、水田六〇〇〇町歩を開墾するというものであった。

しかし、着手はしたものの、農民の募集が容易ではなく、前述の箱館在鶴野に募移した者ものちに退去したりしたため、ついに良好な成績はあげられなかった。

ただ、この件を見ても、幕府の意気込みのほどはわかる。

（四）個人及び東西本願寺、相馬・庄内両藩による移民募集

この時代、道南の箱館付近の移民がもっとも盛んで、とくに安政六年（一八五九）以降は幕府が開墾費、水路掘削費などを貸し付けたりしたので、この地方の移民が増加した。

箱館の商人らの中には、幕府（官）の意向を受けて移民を募集し、開墾を企画する者もあった。


そのほか、団体として移民を募集した者に、「東本願寺」、「西本願寺」と「相馬藩」（福島県相馬市、六万石）がある。

① 西本願寺は、安政五年（一八五八）に僧侶の堀川乗経、檀家の国領平七らが協議のうえ、上磯村（北斗市）において五五万坪（約一八一町歩。なお一町歩＝約一㌶）の付与を受けた。

翌六年四月、本山において但馬（たじま）、越前、加賀、能登の農民三七四人を募集移住させて開拓させ、万延元年（一八六〇）には同地に一カ寺を創立した。

この地は、のちに戸口が減少したとはいえ、一部落を形成して、開拓使時代には「清水村」と称した。

② 次に、東本願寺は安政六年（一八五九）、亀田村字桔梗野（ききょうの）（七飯（ななえ）町大川〜函館市桔梗（ききょう）町にかけての地）を請い、越前（福井県）から農民数十戸を募集移住させて開拓に従事させた。この地を「安寧（あんねい）村」といい、のちの開拓使時代には「桔梗村」と改称している。

③ 一方、相馬藩は家老・熊川兵庫（ひょうご）の計画により、文久三年（一八六三）、箱館在軍川（いくさがわ）および石川郷の地を請い、元治元年（一八六四）、開拓に着手した。

津軽、秋田、南部で移民を募り、軍川に五〇余戸、石川郷に四〇余戸を入地させ、両地とも田畑数十町歩を耕し、経費二万六〇〇〇両を投じたという。

また、幕府は安政六年（一八五九）九月、仙台・秋田・庄内・南部・津軽・会津各六藩に対して、蝦夷地を分割給与し警備と開拓に当たらせた。

しかし、幕末頃の各藩はどこも財政的に余裕（よゆう）がなかったので、庄内藩を除いてはあまり成績が良くなかった。

ちなみに、庄内藩は、家老格の蝦夷地総奉行を筆頭に、三〇〇人以上の藩士、農民らを浜益（はまます）、苫前（とままえ）などに派遣しているが、のちに戊辰戦争が始まると、ほとんどを庄内に引き揚げさせた。

（五）顕著な開拓の進展と人口増加

総じて、この時代の開拓の成績には、顕著なものがあった。

神威（かむい）岬以北の海岸の状況は様相を一変し、小樽、余市、石狩などは小市街を形成。とくに小樽の発展は著しく、慶応元年（一八六八）には請負人を廃して「村並（むらなみ）」（村と同格の意）となった。

箱館や周辺の開拓の成績も著しく、山越内（やまこしない）場所も元治元年（一八六四）に請負人を廃し、山越内（やまこしない）と長万部（おしゃまんべ）に分けてそれぞれ「村並（むらなみ）」となった。室蘭も人口が増加し、部落をなした。石狩原野には発寒（はっさむ）・篠路（しのろ）・中嶋・札幌の諸部落が形成され、岩内にも開墾地があった。

また、浜益（石狩市浜益区）には、前述した庄内藩の開拓した柏木原・吉岡・黄金（こがね）など八カ村があった。

以下、やや重複するが、この時代の年次別エポックを列記しておく。

安政元年（一八五四）

ペリー浦賀へ再来航。神奈川条約調印。幕府、松前藩から箱館周辺を上知させ、箱館奉行を置く。

安政二年（一八五五）

幕府、全蝦夷地を再び直轄地とする。

安政三年（一八五六）

一〇月、箱館奉行へ達し。（「蝦夷地開拓之儀は不容易大業に候得共、方今の時勢片時も難捨置場合に付、何れにも早々開拓行届候様致度」）

これまで述べて来たように、幕末以前にも、幕府による北海道への移民政策は、細々ながら行われて来ていた。

また、開拓使時代以前の北海道総人口（和人）については、統計の出典は様々であるが、

	戸数	人口
元禄一四年（一七〇一） 九月	三、〇〇三戸、	二万 〇〇六八人（内、旅人・杣人一、八三八八人）

宝暦一〇年（一七五六）一〇月　四、六三六戸、二万一、六五一人（内、旅人二、〇〇〇人ほど）
文化　四年（一八〇七）　八、四七九戸、三万一、三五三人
天保一〇年（一八三七）　一、八三九戸、四万一、八八六人
嘉永　三年（一八五〇）秋　一万三、三〇一戸、五万九、五五四人
嘉永　六年（一八五三）九月　一万三、七八七戸、六万三、八三四人
（注・安田泰次郎『北海道移民政策史』生活社）

という数字が見える。

嘉永六年（一八五三）、蝦夷地における和人の人口は約六万三、〇〇〇人ほどだったが、安政期（一八五四〜五九）の末には、約八万人に達したという情報がある。

著名な探検家・松浦武四郎の調べでも、箱館地方三万人余、福山（松前）地方三万人余、江差地方二万人余、熊石地方六、三〇〇人余、合計八万六、三〇〇人余となっており、アイヌの人びと一万五、七〇〇余人を含めると、全道人口は一〇万人以上に達していたようだ。

注・ただし、幕府・松前藩から開拓使に行政権が移った頃（明治二年（一八六九））の全道の総人口は、旧北海道開発庁監修の『北海道の開発』（平成一〇年六月発行、財団法人北海道開発協会）によると、五万八、〇〇〇人だったと記載されている。

第二章　開拓使時代の移民（明治二年七月～一五年一月）

ここでは、維新後の開拓使時代（明治二年七月～一五年一月頃）に、北海道移民がどのように変化していったか、について述べて行く。

一　開拓使時代初期の移民（明治二年七月～四年七月頃）

吹き始めた〝変化の風〟

明治二年七月、開拓使が設置された。北海道への移民の妨げになっていた事情―松前藩の移住規制策、幕府の財政難による移住政策停滞、場所請負制など封建制度による事実上の移民規制―がようやく改善され、以前より移民が増えてくるようになる。

ただ、開拓使のスタート時から、「統一的な移民政策」があったというわけではなかった。

後述するように、明治二年から四年頃にかけての北海道は、「開拓使の支配地」だけではなく、「兵部省・東京府・諸藩・寺院など他の機関による分領支配地がある」という、なんとも変則的な状況、過渡期の状態にあったのだ。

したがって、ここでは先ず、明治四年までの約二カ年間について述べる。

ともあれ、移民政策面でも〝変化の風〟は吹き始めた。そこで、開拓使時代の始まりを象徴（しょうちょう）する二つのトピックから紹介していく。

《トピック五》　特殊な移民例―開拓使初の組織的移民（＝樺太・宗谷・根室への移民）

最初の北海道への組織的移民は、明治二年九月に始まる。

開拓使の発足に伴い、第二代開拓長官・東久世通禧（みちとみ）（公家出身）以下の開拓使幹部が、東京から渡道・赴任するに際し、東京で農工民約五〇〇人を募集して、うち三〇〇人を岡本監輔（けんすけ）開拓判官（徳島出身）が率いて樺太（からふと）へ、一〇〇人を松本十郎開拓判官（元庄内藩士）が率いて根室へ、残る一〇〇人を竹田信順（のぶより）開拓判官（元越後高田藩家老）が率いて宗谷へ、それぞれ移民させた。

彼らは〝国防移民〟のような性格を持っており、仕度料、旅費、家屋などを給与されて、三年間の食料扶助が約束されていた。

一方、松本十郎判官の所管する開拓使根室出張所では、明治二年一一月、「移民給与規則」を定めた。

詳細は後述するが、ここでは塩は一カ月分、他の物品は一日の割りをもって、給与するなどとした（注・宗谷移民の給与も、概ねこれに準じて措置された）。

しかし、これらの移民は、「東京府に委嘱(いしょく)してにわかに募集」した者たちであり、その中には不良などの輩(やから)も多かった。また、移住先はいずれも交通不便で気候も寒冷なところだったので、官が手厚く保護したとしても生計は困難である。

それだけに、冬期間に病人が続出して死亡する例も多かった。

結局、宗谷出張所では、翌三年閏一〇月、彼らを東京に送還することとし、同四年五月、六六人（うち男五二人、女一四人）を送還した（ただ、その大部分は小樽にとどまった）。

また、根室移民は同三年六月現在、八二人だったが、各自の希望により一五人を根室に土着させ、他の者は札幌その他、西部諸郡へ移された。

すなわち、これらの移住は、ほとんどが失敗に終わったのだ。このため、その詳細は必ずしも明らかではないが、移民保護の内容などは幕府の御手作場の募集移民と似ており、その延長だったと考えられる。

《トピック六》　開拓使初めての移民規則を制定

明治二年一一月、移民に関する諸規定のうち、「規則」と呼称されたものの初めと思われる「移民扶助規則」が制定された。

この規則は、開拓使の『事業報告』によれば、先ず、移民を「募移（官費による募集移住）農夫」、「自移（自力移住）農夫」、「募移工商」、「自移工商」の四種に分け、それぞれに対する補助の方式を定めたものだった。

ただし、扶助は満三カ年とし、貸金は一〇カ年賦で追徴、募移農は初年限り穀蔬種子を給与し、開発料は一反歩金二両、自移農は同じく一〇両を支給する、となっていた。

注・この規則に確定した名称はなく、「移民扶助仮規則」、「募移自移農夫規則」、「移住農民扶助仮規則」などとも記されている。また一時的なものであり、施行範囲も限定されていたようだ。

明治二年一一月の段階で、銭函（ぜにばこ）仮役所、開拓使出張所（函館本庁）、根室開拓使出張所がそれぞれ管轄する地域に、移民扶助に関して共通性のある規程を定めている。

開拓使時代初期の移民政策を総括すると…

先に触れたように、この時期、北海道は開拓使だけでなく、兵部省・東京府・諸藩・寺院などの他の機関も分領支配していた。

これら（省府諸藩寺院等）については、明治四年（一八七一）八月に「廃藩置県」が実施され、事情は激変していく。

この間の（開拓使時代初期の）移民については、次の四種に区分できるとされている。

①「開拓使の募集移民」…大部分農業者
②「省府諸藩寺院等による移民」…農業目的の士族団体が主体
③「篤志者の募集移民」…漁業者が主体
④「自力移民」…漁、農、商工等多様

つまり、総括的に言えば開拓使の募集移民は大部分、農業者であり、省府諸藩寺院等の移民は、農業を目的とする士族団体が主体であった。

また、農工その他雑業者がこれに次ぎ、篤志者の募集移民は漁業者を主体とし、自力移民は漁・農・商工など多様であった。以下、この四種の移民について、順次述べていく。

（一）開拓使の募集移民…大部分、農業者

この頃、渡島（おしま）地方は、すでに東北（奥羽）地方に劣らない状況となったので、この地方への移民者には、援助（扶助（ふじょ））を与えないこととされた。また漁業者は比較的利益が大きかったので、根室・宗谷移民など特殊のものを除いては、扶助を避けることとされた。その一方、農民に対しては最も重点を置き、厚く保護して内陸原野の開拓を図るよう努められた。また商工民に対しては、移住地の状況によっては扶助を与えることとされた。

札幌付近の募集移民

明治二年、島義勇（よしたけ）・首席開拓判官（佐賀藩出身）が札幌本府の経営に着手すると、彼はその付近に農村を開こうと考えた。そこで開拓使の吏員を羽前（うぜん）（山形県の大部分）および羽後（うご）（秋田県及び山形県の一部）に派遣して、農民男女三〇〇余人を募集させた。

彼らはいずれも翌三年四月に移住し、苗穂（なえぼ）、丘珠（おかだま）、円山（まるやま）、元村（のちの札幌村）を開い

た。

庚午（こうご）一村（のちの苗穂村）　三六戸　一二〇人（酒田県より）

庚午二村（　丘珠村）　三〇戸　八八人（同右）

庚午三村（　円山村）　三〇戸　九〇人（同右）

元村（　札幌村）　二二戸　九六人（越後国刈羽（かりわ）郡より）

注・このときの移民保護は、前述の明治二年一一月に定めた移民扶助規則によるもので、移民を募移農夫、自移農夫、募移工商、自移工商の四つに分け、とくに募移農民については旅費一切、家屋一棟のほか、屋掛金五両、農具八種、家具八種、初年の種子および三年間の食料などを給与するもので、保護が手厚い。

明治三年（一八七〇）一二月になると、開拓使は札幌方面で「移民規則」（「農民取締規則」、「農業規則」とも呼ばれている）を定めた。

その中では、五戸を一組とし、二五戸に長を置き、そのうえに総取締一人を置き、翌四年より三年間、一人一日玄米七合五勺、一カ月金二分を支給するなどとされていて、さらに手厚い保護内容となっており、ほかにも移民に馬を貸付けるなどの措置があった。

明治四年（一八七一）には、再度、次のとおり札幌付近に移民を募集した。

平岸村　六五戸　二〇三人（宮城県民）
月寒村　四三戸　一八五人（盛岡県民）
篠路村　一〇戸（盛岡県卒族）
対雁村　二四戸（陸前国（＝宮城県の大部分と岩手県の一部＝）遠田郡民）
花畔村　三九戸　一二九人（岩手県民）
生振村　二九戸　一二四人（宮城県民）
白石村　一〇四戸（仙台藩片倉家家臣）
手稲村　五三戸（同片倉家家臣）

開拓使は札幌開府のため、明治三年閏一〇月、館藩（藩主・松前氏）に通牒し、福山（松前）の商人二〇戸を、翌四年春に札幌に移させた。

開拓使の商民募集移住は、この二〇戸だけだった。また、募集移住の商人に対しては、移民扶助規則により家作料などを給与した。

一方、日高における募集移民を見ると、明治三年一一月、開拓使布達で「東地御親料規則」を定め、募集移民に家作木材を下付し、農具類を与え、開墾地には七カ年免税にするなどとしている。

注・「東部産物税則」、「東地移住民取揚産物税則」とも呼ばれた。

こうして明治四年（一八七一）五月、肥前（佐賀県と長崎県の一部）の彼杵郡（そのぎぐん）から二一四戸、七四人、同天草郡から二一戸、九三人を募（つの）り、それぞれ浦河郡へ入植させた。

なお、翌五年（一八七二）一月、この地方には浦河支庁通達として、自力移住農民の扶助についての規定が出されている。

（二）省府諸藩寺院等の移民…農業目的の士族団体が主体

明治初期、北海道には開拓使の支配地以外に、「他の機関が分割支配」していた地域があった。

すなわち、新政府は当初、北海道支配・開拓に諸藩その他の機関の力を借りた方が得策（とくさく）だと考え、明治二年八月、一省（兵部省）、一府（東京府）、二六藩、八士族、二寺院に対して、土地を割り渡したのだ。

注・「二寺院」とは、増上寺（ぞうじょうじ）＝東京・芝大門にある浄土宗大本山で徳川将軍家とゆかりが深い寺院＝と佛光寺（ぶっこうじ）＝京都市下京区にある浄土真宗佛光寺派の本山＝を指す。

これらの省府諸藩寺院等も、それぞれ内地から多少の移民を招致して、開墾に当たった。その主なものは次のとおりで、亘理（わたり）・岩出山（いわでやま）両伊達家をはじめ、東北各士族などが応募した。

伊達邦成（くにしげ）（仙台藩亘理領主）	有珠（うす）郡	明治三年	一一三戸	二九五人
		同　四年	一七九戸	七八八人
石川邦光（くにみつ）（仙台藩角田（かくた）領主）	室蘭郡	同　三年	四四戸	五一人

注・石川邦光は明治三年、支配を罷免（ひめん）させられたので、その移民は伊達・片倉両家に分属した。

片倉邦憲（くにのり）（仙台藩白石城主）	幌別（ほろべつ）郡	同　三年	二一戸	六七人
		同　四年	三五戸	七〇人
伊達邦直（くになお）（仙台藩岩出山領主）	厚田郡	同　四年	四三戸	一六一人

斗南藩（旧会津藩）

瀬棚・歌棄・
山越各郡　同　三年　五戸　一六人
　同　四年　四七戸　一九三人

仙台藩

沙流郡西部　同　三年　一四二戸　一四六人

稲田邦植（阿波蜂須賀藩淡路洲本城主）

静内郡　同　四年　一三七人　五四八人

佐賀藩

厚岸・釧路郡同三年・四年　？　三〇〇人

会津降伏人（旧会津士族）

余市郡黒川村・山田村　同　四年　一六九戸　六二六人

注・兵部省は当初、高島郡、小樽郡、山越郡、瀬棚郡、石狩郡、足寄郡などを支配し、行政面で開拓使とぶつかり合うこともあった。その兵部省は分領支配とは別に、「会津降伏人」として、兵部省管轄下にあった旧藩士のうち、二〇〇戸ばかりを明治二年、小樽周辺に移していた。開拓使の統一支配後、彼らは開拓使の助力を得て余市郡へ入植したのだ。

佐賀藩は、明治二年八月、水戸藩・高知藩などとともに、最も早く分領支配を出願し、釧路・厚岸・川上の三郡を管轄している。

また、同年一〇月、開拓使の根室出張所は漁場持（漁場の請負人）に対し、従来ともすれば他人の出稼ぎを拒み、自分のみの利益をむさぼる傾向があったので、漸次、府県から移民を募集して、漁場開業を望む者は何人でも、身分に応じて許可することとした。

これは松本十郎開拓判官の持論によるもので、後述する函館の商人・柳田藤吉（岩手県盛岡市出身）が根室に移住した例は、これに応じたものである。

なお、佐賀藩は明治四年五月、自藩の農工民三一人を招募し、さらに七月（廃藩置県で「佐賀県」となる）にも、佐賀県下より農業移民三〇〇人余を召募し、厚岸、釧路などに移住させている。

一方、高知藩では明治三年、八〇人余の移民を勇払・千歳の二郡に送り、彦根藩はその支配中、八〇人余を沙流郡の東部に移し、静岡・水戸その他諸藩も、多少の民を支配地に移している。

次に仙台藩の例を見ると、明治三年以降、現在の伊達市、当別町、幌別（登別市幌別町）、札幌市などに移住した。

このとき、当初は伊達本藩及び政府の帰農の勧めを断って、自費移住した。しかし、後には窮乏のため官の扶助を受け、身分も開拓使貫属（管轄下）となって、開拓使から扶助農民規則による保護を受けている。

その後、明治五年（一八七二）には、伊達邦成・伊達邦直・片倉邦憲らが民籍に編入され、身分は一般農民と変わらなくなった。

また、自費移住の人数・期間は各移住団体によりまちまちで、保護の形式も明確ではなく、多くは封建的主従関係のもと、旧主の責任で行われている。

諸藩の移民の中には、明治四年（一八七一）八月、廃藩置県により支配罷免となり、のちに退去して帰国した者もあるが、その一方で、踏み止まって刻苦精励し、ついには成功して開拓上に大きく貢献した者も少なくない。

全般的にみて、これら諸藩は独自の移住方針により移民保護を行ったが、移住の期間が短く、財政的にも弱体で、いずれもたちまち官の政策に包含されてしまった。

（三）篤志者の募集移民…漁業者が主体

漁場持および篤志者で、私費をもって民を移す者があった。その由来をみると、松本十郎判官の担当する根室出張所では、漁場持が他人の入稼を拒んで、とかく自分の利益のみをむさぼる傾向があったため、明治二年一〇月、彼らに諭して移住民を府県から募集させた。

また、漁場開設を希望する者に対しては、何人かにかかわらず、身分に応じて許可することを達し、佐賀藩も明治三年二月、支配地の漁場持に対し、漁場一カ所につき五戸の割で移住者を募移すべきことを諭達した。

そこで、厚岸漁場持の榊富右衛門は明治三年、函館で六一戸、男女一六三人を募集して、厚岸、浜中の地に移住させた。また、釧路の漁場持・佐野孫右衛門は、明治三年に自ら率先して籍を釧路に移し、秋田、青森、函館などの民一七四戸、男女六三八人を同地に募移した。

根室漁場持の藤野喜兵衛も同年、函館・福山の民一一戸を募移し、その後、年々募移して、その数は、明治一一年（一八七八）までに総計九八戸・二〇九人に達した。

また、函館の商人柳田藤吉は明治三、四年の両年、盛岡、渡島などの民三四人、一一一人をそれぞれ根室に移した。さらに開拓使の函館物産掛は、明治三年、能登（石川県）の民一二戸、三四人を募り、根室国野付郡に移した。

これらの移民は、大部分が漁民で、漁場持が移住費、家屋、漁具などを支給して就業させたものだった。

(四) 自力移民…漁、農、商工等多様

当時の自力移民の状況を、詳細に知ることはむずかしいが、東北地方から移住した者が多く、また道内、ことに渡島地方の民が、さらに奥地に転住した例も少なくない。

後志の沿岸は、おびただしい鰊漁が行われており、比較的、生計の維持が容易だった。このため、すでに幕領時代に土着する者も多く、開拓使時代に入ってからは、いっそう移住者が増えた。中でも、小樽、余市、岩内、寿都などは、著しく発展した。

一方、東部の沿岸の方は西部ほど漁利が無かったので、移住者も少なかったが、幌泉郡(えりも町)は、昆布の産出が多かった。このため、開拓使は明治三年、この地方を直捌(官自らが交易ないし経営すること)とすると同時に、大いに移住を奨励した。

同年、約一〇〇戸・四〇〇人の者がこの地に移住している。彼らに対しては、官が昆布場を割り渡し、需要品を仕込み、家作料を貸し付ける方策をとった。

ただ、移民の中には無頼（ぶらい）の輩（やから）も混じっていたので、成績は良くなく、移民は多額の債務を負い、トラブルが絶えなかったようである。

函館方面は全道中、最も繁栄（はんえい）しており、明治二〜四年にいたる二年間に、自力移民によって二、〇〇〇余戸が増加した。

一方、札幌方面については、本府建設のこともあり、とくに移住を奨励した。このため、明治四年に、同地に本籍を移した自力移民は約二〇〇戸に達し、札幌は小市街を形成するに至った。

また、市街地の南方数町の土地（のちの山鼻（やまはな）の一部）に、自力移民中の農業志望者約五〇戸を収容した。

そのうえで、移住者に対しては家屋、農具、家具などの支給は募集移民の農夫と同様とし、種子食料は支給せず、開墾料として一段（反）歩につき金一〇両を給与した。

しかし、まもなくこの地を再び官地に編入したため、移民をして適当な土地を選定させたところ、彼らは琴似（ことに）に移り、旧移民数戸とともに一村を形成するに至ったという。

（五）他管内への転住を防止

開拓使初期の移民の状況は、以上のとおりであるが、一方で管内住民の他管内への転出については、極力これを防止する方針を取り、旅人や無頼者を永住者たらしめようとした。根室、宗谷などに適さない者も、道外ではなく小樽、札幌などに転住させたことは、前述のとおりである。

比較的、人口稠密(ちゅうみつ)な函館地方においても、明治四年三月、農家の次、三男であって他家の養子となるべき者は、管外に出ることを許されなかったばかりでなく、管内の絶家を継続させる制度をさえ定めている。

二　開拓使統一支配後の移民（明治四年八月～一五年一月頃）

廃藩置県と同時に移民政策を一新―官募の廃止へ

明治四年（一八七一）八月、新政府は、省府諸藩寺院等の分領支配の成績が良くないので、「廃藩置県」によってこれを廃止。その支配地全部を、開拓使に引き渡すに至った。

注・正確には、館県地域を除いて開拓使に引き渡している（館県地域の開拓使への引き渡しは、明治五年九月になる）。

この際、開拓使は開拓方針を「一新」し、これに伴い移民政策にも大きな変化がもたらされた。即ち、

① 官費をもって移民を募集・移住することは、屯田兵は別として、一切これを廃止する。
② 新たに自ら移住する者に対しても、保護の程度を減じる。
③ 既に移住した者に対しては、手厚く保護を加える。

こととした。

つまり、この当時の移民の状況は経営の基礎が確立しないため、往々にして離散する者があった。このため、みだりに移民の多いことを望むよりも、既に移住した者を保護し、安堵（あんど）させる方が得策だと考えたのだった。

（一）既に移住した者の保護

開拓使は、省府諸藩寺院等の支配地を併合した後は、その支配地に一時、出張していた

者を帰還させるとともに、そのまま居住を望む者にはその意向に任せ、士族であっても農業を営もうとする者に対しては、移住農民の例によって扶助することにした。

このことによって、伊達邦直、伊達邦成、片倉邦憲の主従、石川邦光の旧臣などは、新たに二カ年ないし三カ年、扶助米、塩噌料、開墾料を給与された。

一方、一般の農民に対しては、明治五年（一八七二）五月、「勧農規則」を設け、各村の農民にこの規則により農業に精励させて、種苗の配布、農産物の買い上げなど、種々の方法により保護誘致した。

とくに団体移民の事業に対しては、特殊の補助を与え、産業の基礎を確実にするように努めた。

札幌に移住した商工民に貸付した家作料は、明治七年七月、その十分の八を棄損（破棄すること）し、幌泉郡移民に貸し付けた家作料は、同九年一月に全部を棄損した。

また、室蘭移民へ貸し付けた資金は、明治一〇年（一八七七）二月に、その十分の六を棄損して窮乏を救い、安定につとめた。

（二）移民扶助規則を改正

従来の募移民は、とかく怠惰（なまける）の弊が見受けられるようになった。

このため明治五年（一八七二）、開拓使は移民扶助規則中、一切の扶助を削除し、以降、「官費をもって召募移住させることを廃止する」こととした。

同年、自力農業移民に対しても、その弊を認め、従前の開墾料一反歩につき金一〇両を、金二円に減らした。

一方、翌六年八月、開拓使は「召募移住略則」を定め、召募移住者が郷里の父母の病気看護のため帰省するときの、開墾地の扱いなどについて規定した。

注・明治六年七月地租改正条例公布…小規模自作農が小作農へ転落。

明治七年七月、開拓使は「移民扶助規則」（明治二年一一月制定）を改正（更正）して、「移住農民給与更正規則」とした。

その内容は、八月以降入植する移住農民に対して、一戸につき家作料金一〇円、農具七種一〇点、種子料金一円五〇銭を給与し、入籍後、一家の手をもって三カ年間に開墾した土地は地価を取らずに付与し、その年より三年間、除租することとした（ただし、既移者で扶助年限未満の者には、旧規則により満期まで扶助米などを支給するものとした）。

注・この規則は、明治一六年（一八八三）の「北海道転籍移住者手続」の発布に至るまで、施行されている。

（三）免税と渡航保護

開拓使は漸次、給与品を減少し、給与の弊害を除去するようにする一方、移民の生計・移住の便益のため「間接保護」の道をとり、免税の制を立て移民渡航手続きを定めた。また、明治一二年（一八七九）四月には、北海道送籍移住者渡航手続を定め、北海道への送籍移住者は、開拓使の付属船舶で本人と手荷物を運び、運賃の割り引きを行うこととなった。

注・この手続きは、三県時代の明治一六年（一八八三）に改正されて、北海道転籍移住者手続となり、資力のない移住者には渡航費を無償とし、陸行旅費・家作料・営業器具代・種物代を支給することになる。

この規則により、翌一三年から一四年に移住した者は、札幌本庁管内二、〇九二人、函館支庁管内三〇〇人、合計二、三九二人であった。

（四）新しい土地制度―土地売貸規則と地所規則の制定

開拓使は全道を統一管轄するようになると、明治五年（一八七二）九月、北海道土地売(ばい)貸(たい)規則と地所規則を制定した。

① 土地売貸規則は土地処分の方法を売下(うりさげ)・貸下(かしさげ)（貸地）・付与の三つに分け、原野・山林など一切の土地で官有地・従来の貸付地・現在の私有地以外の未墾地は、すべて一人一〇万坪（三三・三㌶）を限度として、等級に応じた価格で払い下げ、地券を与えて私有地を認めるとともに、一〇年間は地租を免除する。ただし、一定の期間内に開拓に着手しない場合は、その土地を取り上げる、というものだった。

② また地所規則では、土地売貸規則の規定のほか、永住者はもちろん、寄留者の借地であっても、既に開墾した土地については私有地として認め、地券を渡して七年間は除租するとしている。

さらに「深山幽谷人跡隔絶ノ地」以外は、山林、川沢、従来アイヌ民族が狩猟・漁労・伐木に利用した土地であっても、国家が取り上げ、地券を与えて私有権を認めようとしている。

なお、明治一〇年（一八七七）には、北海道地券等発行条例が制定された。

この条例は、土地を宅地・耕地・海産干場・牧場・山林の五つに区分し、官有地以外は個人の所有とし、その境界・面積・地位・等級を定め、地券を発行して地租を課そうというものだった。これらは当時、政府が進めていた地租改正事業の一環をなしていた。

注・以上は、主に『新版 北海道の歴史 下 近代・現代編』（北海道新聞社）及び『新北海道史 第三巻 通説二』（北海道）を参考にした。

(五) 例外としての漁民の官募

開拓使は、統一管轄後、移民の官募を廃止したが、その例外として「漁民の官募」がある。

明治六年（一八七三）七月、鹿児島県漁夫五七人を雇い、うち三〇人を函館近傍に、二七人を余市地方に移した。また長崎県漁夫五〇人を雇い、室蘭に置いている。

三　開拓使時代の移民のすう勢

（一）亘理（わたり）、岩出山（いわでやま）両伊達家主従の移住

開拓使時代初期の移住者の生活は、交通不便・寒冷な気候・開墾不慣れなどもあって、厳しいものだった。

しかし、年数を経るにしたがい、風土や寒さにも慣れ、農作物も改良され、馬耕も行われるようになるなど、農業がしやすくなってきた。

とくに、伊達邦成（有珠郡伊達に移住）、伊達邦直（当別に移住）主従の移住については、かなり良い成績だったので、両伊達家の開拓ついて、触れてみる。

①　亘理伊達家主従の移住

伊達邦成は、仙台伊達氏の分家として亘理（宮城県亘理町）で二万三、八五三石・家臣

一、三六〇余戸を持っていたが、明治維新で家禄を一三〇俵に削減され、到底、家臣を養えなかった。

明治二年、家老の田村顕允と図り北海道移住を出願、有珠郡支配を命じられた。翌三年、邦成は一一三戸、二九五人を率いて汽船で移住し、開墾に着手した。

明治四年、邦成は郷里に帰り、二月、一七九戸、七八八人を率いて来道した。一時は開拓使に嘆願し、米と金を借りて一同を救ったり、冬は壮丁を選んで工事の出稼ぎをさせたりもした。

明治五年、また四六五人を移したが、船が宮城県の金華山沖で難破し、修繕後、再度航海して移住した。

② 岩出山伊達家主従の移住

伊達邦直も、やはり仙台伊達氏の士族で、岩出山（宮城県大崎市）で一万四、六四〇石を領し、家臣七三六戸を擁していたが、維新で家禄を一三〇俵に削られ、明治二年に北海道移住を出願して許された。

そこで、翌年の調査を経て、日本海側の厚田郡シップ（聚富　石狩市）を支配地として割り渡しを受けた。明治四年には汽船を雇い、四三戸、男女一六一人を率いて出航したが、海霧のため幌泉に到着し、さらに室蘭に移った。

のち石狩に回漕、シップの開墾に着手したが、痩せ地で作物の成長が悪かったので、ここから近い当別に注目した。

邦直は郷里に帰り、一八〇人余を連れて明治五年に出発した。しかし、海難に遭い船を破損し、ようやくにして石狩に着いた。

邦直は新旧移民を連れて当別に入り、老人・子供をシップから移した。総戸数九一戸、三六〇人であった。この年、開拓使の直轄となり、三年間の扶助を得た。

有珠と当別の移民は成績がよく、模範村落となった。両移民に次いで、幌別郡の片倉小十郎の移民、静内郡の稲田邦植の移住なども、成績がよい例といわれた。

なお、単独移民でも、篠路（札幌市北区）の早山清太郎（福島県出身）、島松（北広島市）の中山久蔵（大阪府出身）は、模範農業者だった。

（二）移民の広大―東北地方以外からも続々

開拓使時代初期、北海道に支配地を得た諸藩士族等の移住民はあったが、開拓使の募集移民は東京、九州天草、彼杵（そのぎ）（長崎県）の者以外は、東北・北越各地方の人たちであった。士族移民も、稲田邦植主従の他はほとんど東北人で、それ以外の諸藩の移民は数が少なかっただけでなく、支配罷免とともに、ほとんどが退去していった。残留したのは、仙台藩のほか、佐賀藩移民と彦根藩、水戸藩などの若干名に過ぎなかった。

また、移民の多くは農業者で、風土に慣れず生活の状態が不良だったため、保護の期間が尽きると退去し、または職業を変えるなどして、成績は良好とは言い難かった。しかも明治五年には移民の募集を止めたので、以降、来住者が減少した。

しかし、開拓使時代末期に至ると、先に移住した者の成績がようやく良好となってきたので、内地でこのニュースを聞いて移住を考える者が出て来たりして、移住者の数も増加するようになった。

その顕著な例として、明治一二年（一八七九）四月には、伊達邦直の旧臣五二戸が当別村に移住した。

また、同年一〇月には、高知県と徳島県麻植郡ほか三郡の農民一一七戸が余市郡に移住して、仁木村を開いた。これが、〝本州西部の農民が団結して移住した嚆矢となった。

明治一三年（一八八〇）三月には、宮城県民八六戸（伊達邦成の旧臣）が有珠郡紋鼈村に、一一月には広島県民四八戸が室蘭郡に、それぞれ移住した。

翌一四年二月には、大阪府民一五戸が室蘭郡に、四月には宮城県民（石川邦光の旧臣）も同郡に、五月には広島県民（赤心社募集）が浦河郡に、九月には徳島県民四九戸が余市郡に、一一月には福岡県民五九戸が札幌郡月寒村に、それぞれ移住した。

《トピック七》　尾張徳川家の八雲移住

旧尾張（名古屋）藩主・徳川慶勝は、慶応四年（一八六八）の「青葉事件」で佐幕派一四人を斬首に処し、藩論を「尊王」にまとめた人物だが、薩長のリードする新政府内で、藩は遅れをとっていた。そこで慶勝は、明治一〇年（一八七七）、北海道に農場を開いて、ここに旧家臣（士族）の授産を求めようと志した。

翌一一年五月、胆振国山越内村の遊楽部（八雲町）が最適と判断、願書を提出して一五

○万坪の無償下付を許可された。そこで慶勝は徳川家開墾試験場条例を定めるとともに、家族持ち一五戸、単身者一〇人、総人員七二人を移住させた。

これが、八雲町（やくもちょう）への組織的な団体移住の始まりであった。

尾張徳川家は、この開墾試験場への移住や開拓に関する保護などを細かく規定し、明治一一～二九年（一八七八～九六）の間に、途中で退場した者も含めて七八戸・三三〇余人、単身移住者二九人、幼年移住者二四人の合計約三八〇余人の士族を移住させている。

この同開墾試験場は、明治一一年の移住開始から同四五年に士族移民が完全独立するまでの三四年間、存続している（明治一八年三月「徳川開墾場」と改称）。

尾張徳川家の八雲開拓は、士族移住の中では成功例のひとつと評されている。

なお、和歌山士族で銀行経営の岩橋轍輔（てつすけ）は、岩倉具視（ともみ）（公家出身）らの援助で、士族授産の一環としての開進社を設立。同社は同一三年以来、高知、広島その他の府県民を爾志（にし）郡乙部（おとべ）村、山越郡長万部村、岩内郡堀株（ほりかっぷ）村などに移し、その数は二五九戸に達した。

一方、旧長州（山口）藩主・毛利元徳（もとのり）は、明治一四年（一八八一）、余市郡大江村（仁木町）の開墾を企てて旧家臣を移すなど、大いに移住民の増加を見た。

また一三年、兵庫県士族の鈴木清らが赤心社（せきしんしゃ）を設立し、翌一四年には、浦河郡に広大な未開地の貸付けを受けて入植している。

明治二～一四年までの一〇カ年間に、本籍を開拓使管内に移した移住民の数は、一万四、二三五戸・七万三、二三一人であった（『開拓使事業報告』）。

《トピック八》　仁木竹吉と余市開拓

阿波国麻植郡（おえぐん）児島村（現・徳島県吉野川市）生まれの仁木竹吉は、同郷の岡本監輔（けんすけ）（元開拓使の開拓判官）の著作『北門急務』に触発されて北海道移住を決意した人だ。

明治一二年五月、高知県（現在の高知県・徳島県）で北海道移住者を募集、一一月、徳島県の麻植・美馬（みま）・三好各郡の農民一一七戸・三六〇余人の開拓移民を率いて余市原野に入植した。

その功により、開拓された一帯を「仁木村」とする布告がされた。翌一三年には、この地で藍（あい）作を開始した。

仁木村は、さながら「徳島県人の移住センター」の様相を呈し、移住民は仁木村が手狭（てぜま）

になると、道内各地に転住していった。

その頃、魚肥の高騰（こうとう）は、阿波藍生産に従事するものが抱く共通の難題であった。明治一二年の藍商による「開拓使ニ撫養出張所設置ノ建言」も、開拓使の出張所を徳島に置くことで、道産の魚肥を安価に安定して手に入れるための方策だった。

この建言は実施されなかったが、北海道に生産地を移しての藍作りは、積極的に促進されていった。

仁木村開拓に尽力した竹吉だったが、開拓移民から竹吉を訴える騒動などがあり、開拓使勧業課から説諭（せつゆ）などの処分を受け、のちに仁木村を離れる。

明治一三年、竹吉は徳島へ戻り、再び移民を募集するのだが、翌年には頓挫（とんざ）。同一五年には道南の瀬棚（せたな）原野の開拓にも尽力。その後、再び仁木村の重鎮（じゅうちん）として呼び戻されたようで、同一九年、神道修成派の金光祠設置を、同二一年には三井物産との間に委託販売の仲介を行うなどして尽力した。

明治四四年（一九一一）、自らの回想録『仁木竹吉翁遺稿』を執筆、大正四年に逝去した。享年八一。

《トピック九》　阿波藍（あわあい）と北海道の関わり

徳島県人が新天地・北海道の開拓にあたり、大きな寄りどころとしたのは、藍作・製藍事業だった。

藍は徳島の特産品で、江戸期から明治の初め、阿波の基幹産業として発達。灌漑（かんがい）用水を必要とする米作りが道内に普及するのは明治中期以降であり、初期の農業主体は畑作農業だった。この意味で、畑作の藍作を得意とした徳島県人にとって、藍業は大きな武器になった。

藍作に初めて取り組んだのは、「庚午事変（こうごじへん）」の後、日高地方の静内に移住した稲田家臣団だった。

注・「庚午事変」（稲田騒動）…徳島藩洲本（すもと）城代家老・稲田家（一万四、〇〇〇石）は、主家・徳島蜂須賀（はちすか）家との様々な確執が以前よりあったが、幕末期、徳島側が佐幕派だったのに対し、稲田家側は尊皇派で、稲田家側の倒幕運動が活発化につれて徳島側との対立が深まった。

維新後の明治三年（一八七〇）五月、徳島側の一部過激派武士らが、洲本城下の稲田家とその家臣らの屋敷を襲撃、その前日には徳島でも稲田屋敷を焼き討ちし、脇町（現在の美馬市）周辺にある稲田家の配地に進軍、稲田家側は一切無抵抗でいた。

稲田家側の被害は、自決二人、即死一五人、重傷六人など甚大で、新政府の処分は徳島側の首謀者（しゅぼう）・小倉富三郎・新居水竹ら一〇人が斬首（のちに切腹）、終身流刑二七人、禁固八一人、謹慎など多数に及ぶ。知藩事・蜂須賀茂韶（もちあき）や参事らも謹慎処分を受けた。

明治四年六月、静内で葉藍が試作され、同一二年から本格的に藍製造に乗り出した。開拓使も殖産興業策の一環として、藍業に注目。補助金などで支援した。

一方、岡本監輔や仁木竹吉は、明治八年「殖産ノ儀ニ付願」を開拓使に提出。その文中には、阿波における藍作の難渋（なんじゅう）が、魚肥の高騰による圧迫によるとして、鰊〆粕（にしんしめかす）の生産地・北海道において、藍作を行うことを、移住の理由にあげている。

有珠郡紋鼈に移住した鎌田新三郎も、藍作と藍の製造に着手し、数年たらずして、すくも（藍の葉を原料として作られた染料）の製造に成功した。

徳島で育まれた阿波藍は、稲作の普及する以前の有力な畑作物として、徳島県人の北海道開拓の大きなよりどころとなり、とくに、静内・余市・有珠・札幌などでさかんに藍作が行われた。

四　特殊な移民―屯田兵の創設と樺太アイヌの移住

　このほか、「開拓使時代の特殊な移民」の例として、「屯田兵創設」と「樺太アイヌの強制移住」の二つがあげられる。

（一）「屯田兵」の創設

　明治八年（一八七五）、開拓使は宮城・青森・酒田の三県及び本道の士民一九八戸、九六五人を募って札幌郡琴似村に移住させた。これが〝屯田兵村創設の嚆矢〟である。

　翌九年には、青森・秋田・置賜（山形県内陸南部）・宮城・岩手及び有珠郡の士民二七〇戸、一、〇七四人を募り、琴似・発寒・山鼻の三村に移住させた。

　明治一一年（一八七八）には、江別村に一〇戸、同一四年に篠津村に二〇戸を移住させている。

　注・屯田兵の詳細については、後述する。

（二）「樺太アイヌ」の移住

明治八年（一八七五）のロシアとの領土交換（樺太と千島列島の交換）の際、日本の版籍に入ることを願い出た樺太アイヌを強制移住させたもので、対象となったのは一〇八戸、八四一人である。

同年、開拓使はこれを宗谷に移し、翌九年、さらに札幌郡対雁(ついしかり)村（江別市）に移してこれを保護したが、激変した環境の中、農業に馴染(なじ)めず、加えてコレラなど伝染病が流行し、この移住は悲惨(ひさん)な結果を招いている。

なお、後年（明治一七年）のことだが、政府はロシアとの領土交換の結果、北千島のアイヌ九七人について、色丹(シコタン)島に九三人、択捉(えとろふ)島に三人を、それぞれ移住させることになり、日本人として入籍をみるに至ったが、この移住も樺太アイヌの場合と同様、悲惨な結果を招いている。

五　この時代の移民に対する評価

開拓使の設置以降、北海道の戸数・人口は、

・明治　二年　戸数　二万五、〇〇〇戸、人口　五万八、〇〇〇人

注・ただし、先に触れたように一〇〜一二万人ほどだったともいわれる。

・明治　六年　戸数　三万四、〇七二戸、人口　一七万一、四九一人

・明治一四年（開拓使の廃止前年）　戸数　四万三、六七二戸、人口　二四万〇三九一人

という経過をたどる。

開拓使は、札幌を中心として開拓を図ったが、戸口の増加は石狩・渡島・胆振・日高など南西部が多く、北東部には海岸にわずかに漁家が点在し、市街地としては唯一、根室があっただけであった。

なお、明治一四年の開拓使本庁・支庁別の戸口が、次のようだとする統計もある（北海道庁拓殖部『北海道移民史』）。

札幌本庁管内　戸数　一六、五九一戸　　人口　九〇、二六二人

函館支庁管内　戸数　二五、〇〇九戸　人口　一二九、八二四人
（和人七七、四〇〇人　アイヌ一二、八六二人）
根室支庁管内　戸数　二、〇七三戸　人口　一二、四四二人
（和人一二九一六一人　アイヌ六六三人）
合計　戸数　四三、六七三戸　人口　一二三一、五二八人
（和人九、〇三二人　アイヌ三、四一〇人）
（和人二一五、五九三人　アイヌ一六、九三五人）

これによると、ほとんどは函館・札幌支庁管内に偏っており、根室支庁管内では、釧路・根室・千島のほか北見国東半部にわたる広範な地域を管轄していたのに、わずか一二、四四二人で、その寂寞さが想像される。

また、札幌本庁管内でも、十勝、天塩、倶知安各原野の全部及び石狩原野の大部分には、あまり和人の定着者がいなかった。

なお、職業別に人口推移を見ると、初め漁業者が最も多く、その他は少なかったが、開拓使時代以降、農業振興に尽くした結果、農業者が年々増加した。

参考までに、全道における年次別の人口及び年次別移住人口のの推移を見ると、次のよ

うになっており、移住人口で見ると明治五〜六年がとりわけ多く、かつ明治一一〜一四年の総数が、約七万三、〇〇〇人程度となっている（北海道庁拓殖部『北海道移民史』による）。

〔全道の年次別人口の推移〕

明治	戸数	人口
二年	一二、〇一七戸	五八、四六七人
三年	一三、一八二戸	六六、六一八人
四年	一七、六二三戸	八九、九〇一人
五年	二四、七四四戸	一一一、一九六人
六年	二四、〇七二戸	一七一、四九一人
七年	三四、一一四戸	一七九、六八九人
八年	三五、八四三戸	一八三、六三〇人
九年	三六、七三四戸	一八八、六〇二人
一〇年	三八、一四九戸	一九一、一七二人
一一年	三八、二九六戸	二〇五、五四三人
一二年	三九、四八〇戸	二一九、四六六人
一三年	四〇、〇八二戸	二二三、二九〇人

一四年	四三、六七二戸	二四〇、三九一人

〔全道の年次別移住人口の推移〕

明治	戸数	人口
二年	七二六戸	一、九七二人
三年	一、〇二五戸	三、六八五人
四年	一、四一七戸	八、五九八人
五年	三、二五四戸	一三、七八四人
六年	二、四七二戸	一一、三五三人
七年	六三二戸	一、九五五人
八年	一、二二一戸	四、六五六人
九年	二七一戸	三、八三三人
一〇年	六一八戸	二、五七七人
一一年	三〇八戸	四、四八〇人
一二年	三五八戸	四、〇三四人
一三年	六〇八戸	三、六〇四人
一四年	一、三三四戸	八、七〇〇人

合計　　一四、二三五戸　　七三、二三二人

以上、開拓使の設置された明治二年（一八六九）当時、わずか一〇〜一二万人（五万八、〇〇〇人とする説あり）に過ぎなかった北海道の人口が、明治一四年（一八八一－開拓使が廃止になる年の前年）には、約二四万人ほどに増加してきたプロセスを見てきた。

この「約二四万人」という数字をどう評価するかは、意見が分かれるところだろうが、開拓使という今までにない強力な政府機関が北海道開拓を主導しても、「現実は厳しく、この程度の人口増しか達成できなかった」という見方が妥当ではないかと思う。

その理由としては、

① 明治初期の一般庶民の北海道に対する認識は、まだまだ情報が乏しいこともあって江戸時代のそれと大差なく、住み慣れた土地を離れてまでして、北海道に活路を見出す理由に乏しかった。

② 北海道側も交通・通信などのインフラの整備が未発達で、生活必需品の購入や農作物の販売などが困難であった。

などが挙げられる。このため、政府がいくら積極的な移住保護を与えても、移住に応じる農民は少なかった。

明治初期の北海道移民の主力は、幕末維新の混乱で失業し、生活に困窮して移住を余儀なくされた、いわゆる士族移民だったのだ。

第三章　三県一局時代の移民と屯田兵の概要

混迷の時代を迎えて

これ以降は、「開拓使時代」に引き続く「三県一局時代」（明治一五年二月〜一八年末）の移民政策などについて見てみる。

この時代は、次の北海道庁時代（明治一九年一月以降）の拓殖政策の「模索期間」となったと同時に、士族移住の本格化や集治監の開設など、移民政策にも影響があった施策が進められた時期だった。

注・明治一四年の樺戸集治監をはじめとして、翌一五年以降、空知集治監、釧路集治監などが開庁した。

そのほか、開拓使時代に設置されて以降、三県一局時代〜北海道庁の時代にかけて「特殊な移住例」という形で、約三〇年間（明治七年一〇月〜三七年九月）、北海道開拓に大きな役割を果たした「屯田兵」の創設のことを、説明しなければならない。

その詳細については、時代を区切らずにひとまとめにして述べた方が、読者が理解しやすいと思うので、便宜上、本章でまとめて触れることとしたい。

一　三県一局時代の移民（明治一五年二月〜一八年末）

明治一四年（一八八一）末で開拓使一〇年計画が満期となり、翌一五年一月、黒田清隆が参議兼開拓長官を免じられて、内閣顧問となった。

黒田の後任の開拓長官には、同じ薩摩藩出身の参議兼農商務卿・西郷従道（つぐみち）が充てられ、開拓長官を兼務した。

二月、開拓使は廃止されて「函館県」・「札幌県」・「根室県」の三県が置かれるとともに、翌一六年一月には、農商務省に「北海道事業管理局」が新設されて、屯田兵を除く開拓使官営事業の主要部分を管轄することとなった。

いわゆる「三県一局時代」の到来である。

しかし、県令（県知事）の格は、当然のことながら本州各府県の県令と同等であり、官制上の北海道の地位は低下したといえる。

以降、ここでは明治一九年（一八八六）一月に三県一局が廃止されて北海道庁が置かれた頃までの間の移民について述べる。

前時代の移民政策をほぼ継承

明治一五年（一八八二）一月、西郷従道は、移民事務について、移住農民給与更正規則及び北海道送籍移住渡航手続による移民の成績が良好で、将来も移住者数が増し、産業も興隆するだろうから、置県後もこれを継続する必要があると判断。毎年三万円をもって仮家作料、農具代、種物料、乗船料、荷物賃に充てるよう、政府に建議した。

この建議は、置県とともに採用され、移民事務は農商務省所管に移された。同年三月、農商務省はその事務を三県に委託するとともに、給与金額の取扱いについて函館県に委任し、従来の方法で施行させた。

したがって、この時代の移住民に対する保護は、おおむね前時代（開拓使時代）に等しく、特段の措置としては、後述するように、明治一六年六月、「移住士族取扱規則」が公布・実施された程度に過ぎなかった。

（一）転籍移住者に対する保護

明治一六年四月、政府は「北海道転籍移住者手続（太政官布達）」を定め、同時に「移住農民給与更正規則」、「北海道送籍移住者渡航手続」を廃止した。

注・北海道転籍移住者手続　第一条「北海道へ転籍移住する者にして資力なきものに限り此手続に依りて保護するものとす」

新規則は二個の旧規則を合併し、さらに小さい改変を加えたものであり、改変の要点は、資力のない者に限り無賃渡航の便を与え、渡航費は官船に限らず三菱会社、共同運輸会社、運漕社の船舶でも差支えないこととした。

また、函館港到着の後、都合で陸行する者には、一里につき五銭の旅費を与え、移住地へ到着のうえは家作料一〇円、営業器具代八円五〇銭を与えることにした。

（二）士族の移住―黒田清隆の提言

明治維新後、全国の士族は職業がなく生計が不安定・困難で、政府に反抗する者が多かった。このため、政府部内でも

「旧士族に職を与え安定させなければならない」

という論が盛んであった。屯田兵制度創設の一因も、ここにあったことは後述するが、なお、これをもっても十分とは言い難い状況だった。

そこで、開拓長官を退職したばかりで内閣顧問だった黒田清隆は、明治一五年五月、

「士族の授産は適当の土地に土着せしめ、資本を補助して農業牧畜に従事せしむるに若くはなし、北海道は土地肥沃、山海の産に富み、耕植すべき地極めて多し、近年運輸の便開け挙家移住甚だ難きにあらず、苟も一旦奮発して是を動かすときは、数年を出ずして許多の産を殖し、子孫百年の基を成すこと誠に容易なりとす」

と述べ、その移住費及び開墾の地積、収穫の産物などを概算して、これを政府に提出した。

これに対し、政府は三県に命じて調査を行い、明治一五年度より士族を北海道に移住させることに決した。すなわち、

明治一五年度から二三年度までの八カ年間に毎年、

函館県　　五〇戸
札幌県　一五〇戸
根室県　　五〇戸

を限って移住させ、渡航保護のほか食料、農具、牛馬、種子料、家作料、陸路荷物運搬費を合わせるとともに、一戸につき函館県三一三円五〇銭、札幌県三三〇円、根室県三六三円を最高限度として貸付けし（満七カ年据え置き、向う二〇カ年賦返済の方法による）、一人につき未開地一万坪を割り渡し、三カ年間に開墾させることとしたのだ。

これを受けて、三県は翌一六年六月、それぞれ「北海道移住士族取扱規則」を布達した。

この規則による移住者は、

木古内村における山形県士族一〇五戸（明治一八～一九年に移住）
岩見沢村における鳥取、山口ほか七県の士族二七七戸（明治一七～一九年に移住）
釧路郡鳥取村における鳥取県士族一〇五戸（明治一七～一九年に移住）

以上のとおりである。

注・この規則は、明治一九年（一八八六）の北海道庁設置と同時に廃止された。このため移民の数は少なかったが、顕著な成績を今日に遺している。

（三）屯田兵

屯田兵創設以降の詳細については後述するが、三県一局時代の明治一七年、開拓使は屯田兵として、青森・秋田・山形・福島の四県より七五戸を募って、札幌郡江別村に移住させた。

また明治一八年にも、佐賀・石川・鹿児島・鳥取・熊本の五県から二一三戸を募って札幌郡江別村、石狩郡篠津(しのつ)村に移住させている。

（四）移民の拡大

明治一五〜一八年（一八八二〜八五）の四カ年にわたり、三県を通じて転籍来住した者は、二万二、八五〇人余である。

その移住地などを見ると、移住者の最も多い札幌県においては、

明治一五年…官費・私費合わせて出身地は二府一五県、二五四戸　八一〇人

　移住先は九郡二三カ村

明治一六年…出身地は一府一一県、一六六戸　五六二人

　移住先は七郡一七カ村

明治一七年…出身地は一七県、三六三戸　一六四〇人

　移住先は一三郡三四カ村

明治一八年…出身地は一五県　二七七戸　一、三八三人

　移住先は一二郡二九カ村

に達している。全道でみると、出身地は青森・岩手など東北各県、富山、福井など北陸各県をはじめ二府二四県にわたっており、移住先では七カ国二六郡に及んでいるのだ。

このうち、顕著な例としては、

当別村に入った福岡県人

望来(もうらい)村（石狩郡）、山口村（札幌郡）、島松村（千歳郡）に入った山口県人

広島村、発足村（岩内郡）、老古美村（同）、茂尻村（根室郡）などに入った広島県人
尾張徳川家の八雲村（山越郡）に入った愛知県士族
前田侯の出資により前田村（岩内郡）を拓いた石川県士族
瀬棚郡に入った徳島県人
碧蕊村（静内郡）に入った兵庫県淡路団体
十勝原野開拓の先駆をなした静岡県晩成社の移民
注・静岡県松崎村生まれの依田勉三を中心とする晩成社移民が、明治一六年から十勝の下帯広村に移住。
札幌付近に移住した長野県人
などがある。

移民は漸次、増加傾向をたどり、開拓使時代に較べて移民熱は高まったが、中には苦境に陥る例もあった。

明治一五年一〇月の瀬棚移民などは、時期に遅れ、開墾はもちろん漁場稼ぎもできず、屋内の土の上に蓆を敷き、満足に食器すらなく、先住者の救助などによって、かろうじて

露命を繋いだ。しかも、一二月に失火により小屋の過半を焼き、翌一六年に農具料の給与を得て開墾にかかったが、不幸にも旱害（ひでり）に遭って収穫が少なく、出稼ぎあるいは白子簀を編み、飛蝗の駆除に雇われて糊口をしのいだという。

同一五年の愛媛県の幌別移民のように、指導者が突然失踪し、移住者は貨物を抵当として渡航してきて、渡道後、すぐ困窮に陥るような例も、枚挙にいとまがないほどだった。

これらは、北海道の事情を知らない軽挙さが原因であったようで、指導者にも人を得なかったのだろう。

次に、この時代の全道人口及び全道移住人口の推移を見ると、次のとおりである（北海道資料）。

すなわち、明治一五～一八年の四カ年間に、人口は約四万七、〇〇〇人増加している。

〔全道の年次別人口の推移〕

明治一五年　戸数　四八、七一六戸　人口　二三九、六三二人
一六年　戸数　五二、四〇五戸　人口　二四六、四五六人
一七年　戸数　五七、一五一戸　人口　二七六、四一四人

一八年　戸数　五八、七四五戸　人口　二八六、九四一人

〔全道の年次別移住人口の推移〕

明治一五年　戸数　？　人口　五、五三九人
一六年　戸数　？　人口　二、二六〇人
一七年　戸数　一、四三五戸　人口　四、六五六人
一八年　戸数　二、五〇二戸　人口一〇、三九六人

《トピック一〇》　鳥取県士族の北海道移住

明治維新に伴う社会変化により、士族の生活は大きく変わった。旧大名や上級武士はなんとか生計を維持できたが、山陰の雄藩（三二万石）・鳥取藩の旧士族の八四パーセントは禄高が百石以下の軽輩（けいはい）で、利子生活は不可能だった。士族の困窮は、鳥取藩でとくにひどかったのだ。

鳥取県士族の北海道移住を計画的に取り上げたのは、鳥取県令・山田信道だった。

明治一六年（一八八三）六月、根室県は釧路地方の移住適地四カ所を選定し、二〇〇戸の移住を予定した。

山田県令の要請が認められると、鳥取県庁は移住志願者の募集を開始。根室県でも、第一次の入植地を阿寒川西南岸地区に定め、釧路に「勧業課派出所」を設けて受入れに当たった。

鳥取県の移民募集には四人が応じ、入植地・釧路郡に先発。第一次の入植地となった現釧路市鳥取地区は、「釧路郡ベットマイ」と総称された原野の一部だった。

翌一七年六月、鳥取県士族三九戸と平民二戸、計四一戸二〇七人を乗せた船が、釧路に向けて賀露（かろ）港（鳥取市）を出港、北海道移住の第一陣（第一次入植）となった。

一行は釧路港に到着、根室県官吏や釧路村関係者の出迎えを受けた。その後、彼らは根室県下ベットマイ原野の一角に集団移住し帰農。抽選（ちゅうせん）で決めた一〇戸を一組として、一番組から四番組までの入植を終わった。

入植に先立つ同年五月、根室県は入植予定地一帯約一〇〇万坪（ベットマイ原野）に「鳥取村」と命名したい旨を上申、翌月許可されていた。

次いで明治一八年五月、第二次の六四戸三〇六人が移住した。第二次の入植地は、当初の根室県の計画ではオタノシゲ川とオロサンシコロ川の間の九〇万坪だった。

　こうして、総戸数一〇五戸、総人口五一三人の村落が形成されていった。

　鳥取村の行政は、入植以来、根室県の勧業派出所が直接所管していたが、根室県が廃止され、さらに移住諸費の貸与期間満了（明治二〇年五月）したのを機に「戸長役場」が設置され、郡書記・中谷虎雄が「戸長」に任じられた。

二　特殊な移民例－屯田兵の概要（明治七年一〇月～三七年九月）

　開拓使時代から北海道庁時代にかけて、特殊な移住として北海道の拓殖に貢献したものに、「屯田兵」の制度がある。

（一）屯田兵の起源

　明治六年（一八七三）一一月、黒田清隆・開拓次官は岩倉具視（ともみ）右大臣に対し、屯田兵の創設を建議した。

北海道及び樺太には警備（国土防衛）と拓殖が必要で、士族を屯田兵として採用してこれに当てれば、士族への授産にもなる、というのだ。

これが理由だが、当時、開拓使の募移民の成績があまり良くなかったので、この制度を創設することにより募集移民に代えたい、という事情もあったように思われる。

（二）屯田兵創設の経緯

黒田長官の意見は、直ちに新政府に容れられた。明治七年（一八七四）六月、黒田は陸軍中将に任じられ、開拓次官兼屯田憲兵事務総理を命じられた。

一〇月、「屯田憲兵例則」も設けられて、屯田兵の編成、給与の制度も整備された。琴似村に兵屋二〇〇戸を新築して収容の準備が進められ、明治八年五月には、宮城・青森・酒田の三県から士民一九八戸、九六五人を移した。

次いで、明治九年（一八七六）五月には、青森・秋田・鶴岡・宮城・岩手及び有珠（うす）の士民二七五戸、一、一七四人を募移して発寒・山鼻に屯田移住させ、琴似・発寒の兵員をもって第一中隊とし、山鼻兵員をもって第二中隊とした。

その後、屯田兵は年を追って募集増殖し、ますます発展したが、種々の事情、あるいは方針の変更などにより、幾多の変遷があった。

《トピック一一》　屯田兵制度の時代変遷

屯田兵制度の時代変遷は、次のように、三期に区分して見ることができる。

第一期　創設・試験期

〈明治八年の屯田兵創設から一五年二月、開拓使を廃止して三県が置かれる頃までの間〉

一切のことは開拓使に属し、札幌本府の防衛拠点づくりを意図して、明治八年琴似に一九八戸、同九年山鼻・発寒・琴似に二四〇戸・三二戸・三戸を、それぞれ移住させた。また明治一一年八月には一〇戸を募り、江別太に移住させた（のち一四年、一七年に各一人が分家・自由移民が屯田兵に採用されている）。

さらに明治一四年（一八八一）にも、篠津に一九戸を移住させた。

この時期においては、屯田憲兵例則（明治七年制定）、兵村規模、土地給与などが形づくられ、これらが「屯田兵の試験時代」として、その後の発展の基礎となった。

第二期　発展・成熟期

〔明治一五年二月から二九年五月にいたるまでの間。なお、この第二期を「確立期」（明治一五〜二三年）と「展開期」（同二三〜二九年）に分ける論者もいる。〕

屯田兵は陸軍省に属し、札幌に本部を置き、一切の事務を処理していた。

当初の明治一五〜一六年は移住を募集しなかったが、一七年（一八八四）以降は、年々数百戸を移住させた。また、明治一九年一月には北海道庁が置かれているが、それ以降も屯田兵制が再評価され、さらに制度の発展・充実が図られていく。

明治二三年（一八九〇）には七八八戸の移住を見、以後、年々五〇〇戸の移住があった。この間、たびたび諸規則の改定が行われた。同二三年以後、屯田兵に特科隊を設けたこと、土地給与規則を定めたこと、士族に限らず、平民からも募集するに至ったこと（「平民屯田」）などは、その主な例だ。

共有地制度や兵村会の制度も拡充され、あわせて本格的に内陸の開拓、中央道路に沿った入植が進み、この時代は屯田兵制が成熟した時期だといえる。

第三期　縮小期

〔明治二九年五月から三七年までの間〕

明治二九年（一八九六）、屯田兵司令部が廃止され、「第七師団」が創設（初代師団長は屯田兵司令官・永山武四郎の横すべり）されるに至って、屯田兵は全く第七師団の一機関となる。

注・これに先立ち、明治二九年一月、渡島・後志・胆振・石狩に「徴兵制」が施行された。

道内の開墾可能な土地の確保も、そろそろむずかしくなってきた時期で、明治三〇年（一八九七）から三二年までは、年々五〇〇戸内外を募集していたが、同三三年以後は全く募集を止め、次第に縮小した。

明治三六年（一九〇三）四月、現役兵が皆無となると、ついに廃止の運命に至った（剣淵（けんぶち）、士別への入植後の明治三七年九月、屯田兵条例が廃止されて、屯田兵制度は終了した）。

廃止の理由は、北海道の拓殖が進み、もはや屯田兵のような特殊の制度を必要としなくなったからだといえよう。

(三) 屯田兵制度の輪郭(りんかく)

屯田兵の資格は、初め「士族」であることを要していたが、のちには族籍に関係が無くなった。年令は、初め「一八歳から三五歳まで」とした。

しかし、明治一八年には「一七歳以上三〇歳以下」とし、同二三年一一月以降は「一七歳以上二五歳」となった。ただし身体強健で家族を有する者であることを要した。

服役年限は、初めは世襲的なものだったが、のちに「二〇年」に限定された。

その編成は、五人を「一伍(ご)」、六伍を「一分隊」、四分隊を「一小隊」、二小隊を「一中隊」、二中隊を「一大隊」、三大隊を「一連隊」とした。なお、一中隊をもって地方の一単位とし、ふつう、これを「兵村」と呼んでいた。

「兵村をどこに築くか」ということについては、軍事・拓殖・地質・面積など種々の角度から考察決定されたが、うまくいかなかった所もあった。

通常、屯田兵村は二〇〇～二四〇戸からなり、一戸当たり五町歩の土地が支給され、練兵場・官舎・学校などの公共施設を囲んで、兵屋が規則的に配列されていた。

兵村の土地区割は、きわめて大切なことで、たいてい密居(みっきょ)制度と疎居(そきょ)制度を採ったが、これにはそれぞれ一長一短があり、いちがいに可否を論じられなかった。

例えば、初期の琴似兵村では、村の中央に幅一〇間（約一八㍍）の道路を交差させ、区切られた四ブロックを幅六間の道路で五〇間×三〇間に画し、これをさらに間口一〇間×奥行一五間の五戸二列に等分して宅地とする、計画的な密居（みつきょ）集落を形成した。耕地は兵村外に配置されたが、土地の配分が何度も行われたので、複雑化していた。

これに対し、上川地方では、一戸当たり三〇間×一五〇間の区画で一〇戸ごとに道路を設けて格子（こうし）状にしており、道路の両側に宅地、その背後に耕地という開拓集落特有の形態をとる。美幌（びほろ）兵村のように、一度に五町歩の配分を受けたところは、三〇間×五〇〇間の短冊状の土地に任意に家を建てた散居（さんきょ）となった。


注・こうした屯田兵村を島状に残しながら、全道を統一的に区画するのが、明治二九年施行された規定による「殖民区画」だ。幅一〇間の基線道路とそれに直交する三〇〇間間隔の道路で三〇〇～五〇〇戸を一村として共同施設を構える、という組織的な配置がとられた。


屯田兵は、移住について非常に手厚い保護を受けており、移住の費用はもちろん、家屋・夜具・農具・種子・食糧などをすべて給与せられた。

そのうえ、土地や共有財産と種々の給与を受けていたが、次にその概要を記しておく。

支度料　一五歳以上一人につき二円、一五歳未満同一円。明治二七年以降は一戸
　金五円と改正した。

旅費及び日当（移住の際）
　七歳以上一日三〇銭（明治二三年までは三三銭）、七歳未満はその半額

運搬費　一戸一日馬二頭の割、金二円六〇銭

渡航費　汽車汽船賃ともに官費

兵屋　給与される。建坪はおおむね一七坪五合（間口五間、奥行き三間半）

家具　鍋・椀類・手桶・小桶・澹桶・燈具を支給される

夜具　一五歳以上一人につき四布三布各一枚宛て。一五歳未満の者一人分四布
一枚。七歳未満の者には支給せず
明治二七年以降は、一戸につき四布三枚三布二枚とした

農具　鍬（大小二）、唐鍬（大二小一）、砥（荒砥、中砥各一）、出刀（一）、鋸（大
小各一）、鎌（柴刈草刈各一）、筵（一〇）、熊手（二）ほか

種子　現品にて支給　麻種子（一斗）、大麦（一斗）、大豆（五升）、小豆（五升）、
馬鈴薯（四斗）など。

扶助米及び塩菜料

一五歳以上六〇歳未満の者は一人一日玄米七合五勺、一カ月につき塩菜料五〇銭、六〇歳以上及び一五歳未満七歳まで玄米五合、塩菜料三七銭、六歳以下玄米三合、塩菜料二五銭

扶助米は、明治二六年までは「移住後三カ年とし、毎月支給」したが、同二七年度以降は「五カ年間支給」することとして支給額はしだいに減じた。

埋葬料

移住後三年間に死亡するときは、一定額を給与。明治二三年までは兵員一三円、七歳以上七円五〇銭、七歳未満三円二五銭（同二三年以降の分は省略）

医薬料

扶助年限中はすべて官費とし、その後は実費を自弁。

農耕地及び宅地

①　五、〇〇〇坪まで　　創設時より明治一一年二月まで

②　一万坪まで　　明治一一年二月～二三年九月まで

③　一万五、〇〇〇坪まで　明治二三年九月以降

なお、下士に昇進した者は、五、〇〇〇坪を増給する規定である。宅地はふつう、五畝歩である。

共有財産　明治二三年九月の土地給与規則によって、一戸当たり一万五、〇〇〇坪の土地を各兵村に共有財産として給与された。兵村における基本財産を作り、もって兵村公共の費途に当て、兵村の維持を確固ならしめようとするためである。

共有的諸給与　屯田兵移住の当時に、各中隊ごとに事業場（養蚕、製紙、製麻、機織り等に使用する場所）三棟、小学校一棟とこれらに付属するすべての器具を給与した。

以上、屯田兵保護の概要を示したが、このために多額の出費を要した（北海道開拓部『北海道移民史』）。

（四）屯田兵についての評価

前述したように、明治八年に第一回の募集をしてから、同三二年（一八九九）に最後の

募集をするまでの二五年間に、

① 道内各地に「三七の兵村」が建設されて、

② 「七、三三七戸」＝「三万九、九一一人」（約四万人）が入植し、

③ 「七万四、七五五㌶」の開拓が行われた。

ことになる。この実績数は、北海道開拓史上、永く記憶されるだろう。

屯田兵として移住した者は、大部分が内地各都府県から移住したものだ（ただし、道内からも一一〇戸ほどの者が入っている）。

これらの者によって開かれた三七の兵村は、全道七七郡中一〇カ郡にわたった。また、処分された国有未開地は、七万四、六五一町歩で、その土地からあげた農産物の総価格は、明治三七年（一九〇四）までに八三〇万円にのぼったという。

屯田兵は、北海道の警備をし、西南戦争、日露戦争の両戦役にも従軍した。この屯田兵制度のため、国が支出した費用は、総計九二〇万円といわれるが、うち八分は開拓使、一割五分は北海道庁、七割七分は陸軍省から出ているようだ。

「この成績は、よく所期の目的を達成したといえるのだろうか」

という点についてであるが、士族救済という点では数もそう多くはなく、それほど実績

を挙げたとはいえないだろう。しかし、北海道警備の面では任務を果たし、出動従軍して勲功（くんこう）を立てている。

さらに、他の一般移住民の誘致要因となり、あるいは未開不便の土地に入って開拓の先駆となり、さらには農業上の試験者・模範者ともなり、進んでその地方における社会に感化を与えるなど、北海道拓殖上に大きく貢献した。

その経費も比較的僅少（きんしょう）で、警備、拓殖を別々にするよりも有利だったので、本制度はよく所期の目的を達成したというべきだろうと思う。ただ、強いて言えば、「元会津藩士など、戊辰戦争を賊軍として戦い敗北した人たちが、戦後を生きていくためには他に道が無く、やむを得ず屯田兵に応募し、従事した実態もある。したがって、屯田兵制はそうした旧賊軍兵士と家族の犠牲（ぎせい）のもとに成り立ったものだ」という厳しい見方があることも、承知しておく必要があろう。

なお、「その成績はどういう点に起因するか」という点については、次の三点に帰するだろうといわれている。

① 軍隊的な基礎を有していたこと。
② 強固な組織団体であったこと。

③　移住保護の厚かったこと。

〔屯田兵村（全道三七兵村）の配置調べ〕

全国から集まった屯田兵は、明治八年（一八七五）の琴似を皮切りに、同三二年（一八九九）の剣淵・士別に至るまで、道内三七の兵村に入植し、地域づくりを主導した。

兵村	戸数	入植年	所在	兵村	戸数	入植年	所在
琴似兵村	二四〇戸	（明治八〜九年）	札幌市	野幌	二二五戸	（一八〜一九年）	江別市
山鼻	二四〇	（九年）	札幌市	南滝川	二二二	（二二〜二三年）	滝川市
新琴似	二二〇	（二〇〜二一年）	札幌市	北滝川	二一八	（二三年）	滝川市
篠路	二二〇	（二二年）	札幌市	南江部乙	二〇〇	（二七年）	滝川市
輪西	二二〇	（二〇、二二年）	室蘭市	北江部乙	二〇〇	（二七年）	滝川市
西秩父	二〇〇	（二八〜二九年）	秩父別町	美唄（騎兵）	一六〇	（二四〜二七年）	美唄市
東秩父	二〇〇	（二八〜二九年）	秩父別町	高志内（砲兵）	一二〇	（二四〜二七年）	美唄市
北一已	二〇〇	（二八〜二九年）	深川市	茶志内（工兵）	一二〇	（二四〜二七年）	美唄市
南一已	二〇〇	（二八〜二九年）	深川市	西永山	二〇〇	（二四年）	旭川市
納内	二〇〇	（二八〜二九年）	深川市	東永山	二〇〇	（二四年）	旭川市
江別	二二〇	（一一・一四 一七〜一九年）	江別市	下東旭川	二〇〇	（二五年）	旭川市

上東旭川　二〇〇戸（二五年）　旭川市
西当麻　二〇〇（二六年）　当麻町
東当麻　二〇〇（二六年）　当麻町
南剣淵　一六九（三一年）　剣淵町
北剣淵　一六八（三一年）　剣淵町
士別　九九（三一年）　士別市
東和田　二二〇（一九年）　根室市
西和田　二二〇（二一～二二年）根室市
南太田　二二〇（二三年）　厚岸町
北太田　二二〇（二三年）　厚岸町
下野付牛　二〇〇（三〇～三一年）北見市
中野付牛　一九八（三〇～三一年）北見市
上野付牛　一九九戸（三〇～三一年）北見市
南湧別　二〇〇（三〇～三一年）上湧別町
北湧別　一九九（三〇～三一年）上湧別町

〔屯田兵の出身都道府県別調べ〕

二四年間にわたり北海道各地の兵村に入植した屯田兵は、計七、三三七戸、家族を合わせた人数は約四万人にのぼる。彼らの出身地は、左表のように、神奈川、沖縄各県を除いて全国各都道府県にまたがっており、東北・北陸のほか、九州・四国など西日本からの移住者が多いことがわかる。

北海道	一一〇戸	＊一二一人	茨城県	一八戸	九五人
青森県	二三二	＊五五三	埼玉県	四	二三
秋田県	＊一一八	＊三八七	千葉県	五	二九
岩手県	四六	＊一〇三	東京都	三	一九
山形県	＊三三三	＊七八二	神奈川県	なし	なし
宮城県	三二〇	＊七三七	長野県	一五	七四
福島県	一〇三	＊三二七	山梨県	三一	一六二
新潟県	一七四	八九五	静岡県	二〇	一一七
富山県	一七六	一、一一二	愛知県	一九八	一、一九三
石川県	＊四〇四	＊二、三〇一	岐阜県	一四七	九一六
福井県	二六八	一、四一九	三重県	五四	三三六
栃木県	五	三六	滋賀県	二五	一四二
群馬県	二一	一一七	奈良県	一二三	五七一

京都府	八三戸	三三四人	徳島県	三二九戸	一、六九八人
和歌山県	三〇八	一、六七〇	高知県	一二九	六四一
大阪府	九	四七	福岡県	*三四七	一、九一五
兵庫県	一一九	六一八	佐賀県	三〇三	一、六〇六
鳥取県	三〇〇	一、五四〇	熊本県	*一七六	*九六二
岡山県	九八	四九一	宮崎県	なし	なし
広島県	二〇三	一、一五七	大分県	八六	四七七
島根県	八〇	四四二	長崎県	九	六二
山口県	三〇九	一、五九七	鹿児島県	*六一	*二八六
香川県	三三五	二、〇〇五	沖縄県	なし	なし
愛媛県	二九八	一、七〇三			

注・出典は上原轍三郎『北海道屯田兵制度（復刻版）』（北海学園出版会）。

ただし、この中の*印には、外に一部、不明のものがあり、前記の書では「原籍不明のものは八二五戸とす」と書かれている。

第四章　道庁初期時代の移民（明治一九年一月～四二年）

一　移民の取扱い方針の変更－直接保護から間接助長へ

ここでは、明治一九年（一八八六）の北海道庁設置時から四二年（一九〇九）の第一期拓殖計画樹立までの間を「道庁初期時代」として記述する。

前述したように、開拓使時代以後、積極的に移民の招致につとめられて来たが、三県一局時代までの開拓は、主に札幌付近とその南西地方の海岸に止まり、内陸部には住民が少ない状況だった。加えて三県一局が分治する状態は、治政の統一性を欠いて、多額の費用を要する割には、業績が上がらなかった。

このため政府は、明治一九年一月、三県一局を廃止して「北海道庁」を置き、全道の施策を再び統一することとなった。

その際、初代道庁長官岩村通俊（みちとし）（元土佐藩士）の判断で、拓殖方針や移民の取扱い方針が変更されることとなった。

すなわち、従来は移民については極力、「直接保護」する政策を採ってきたのだが、自ら進んで移住する者が増加する一方で、移民に対し旅費支給、衣食住給付など手厚い保護を与えて来たので、かえって移民の官依存の精神が蔓延して、多額の投資の割には開拓の実績が上がらず、往々にして移住者の怠惰を招くなどの弊害を生じるようになったのだ。

注・「移住民を奨励保護するの道多しと雖も、渡航費を給与して、内地無頼の徒を召募し、北海道を以て貧民の淵藪と為す如きは、策の宜しき者に非ず、自今以往は貧民を殖えん、是を極言すれば、人民の移住を求めずして、資本の移住を求めんと欲す」（明治二〇年五月の岩村通俊長官施政方針演説）

そこで、明治一九年六月、「北海道土地払下規則」を公布（注・これに伴い従来の北海道土地売貸規則等を廃止）し、それまで開墾希望者の勝手な選択に任せていた土地選定を改めて、今後は北海道庁が自ら未開の原野を調査し農耕適地を確保するという、いわゆる「殖民地選定事業」を開始したのだった。

さらに七月には、「北海道転籍移住者手続」を廃止して、保護移住の主旨を一変させた。

要するに、北海道庁が運輸交通の便を開き、殖民地を選定し、さらには開拓興産の方法を調査して移住の利益を示すなどして、もっぱら「間接助長の政策」を採ることとし、これによって、招かずして人びとが自ら移住するようになることを目標とした。

このため法規の改正・殖民地の選定以外にも、経済的・社会的な施設の充実にも努力し、具体の方策として道路の開鑿（かいさく）・国有未開地の処分・鉄道の敷設（ふせつ）・港湾の修築・電信電話の敷設などを行うこととした。

二　「盛大ノ事業」に大土地所有の道を開く

前記の明治一九年六月に公布された「北海道土地払下規則」の第二条では、土地払下げの面積は、一人につき一〇万坪（約三三・三町歩）以内を一〇年以内に限って無償貸与し、開墾成功後は一、〇〇〇坪当たり一円で払い下げる、という小資本移住者を考慮したものだった。

しかし、その一方で、但し書きには、「盛大ノ事業ニシテ此制限外ノ土地ヲ要シ其目的確実ナリト認ムルモノアルトキハ特ニ其払下ヲ為スコトアルベシ」とあり、「盛大ノ事業」については、例外的に制限面積以上の払い下げを認めることとし、大規模土地所有への道を開いていた。

実は、それまでにも一〇万坪を限度とする規定を超えて、しばしば大地積の払い下げが行われてきていた。

例えば、明治一一年の徳川慶勝による八雲村開拓（一五〇万坪）、同一三年の開進社（仮割り渡し一〇万坪）、同一四年の毛利元徳の大江村開拓（三〇〇万坪）、その他前田村、赤心社、晩成社などへの規則外の大地積の無償付与もしくは貸付の処分例である。

したがって、この但し書きは、従来の政策を受け継ぎながらも、新たにぼっ興してきた企業熱に対応しようとしたものだった。

これにより、後述するように、華族、政商、官僚、豪商たちが、競（きそ）って大農場の開拓に乗り出すようになり、三条実美と侯爵・蜂須賀茂韶（もちあき）・菊亭修季（ながすえ）らによる華族組合雨竜農場、蜂須賀農場の設立などへと繋（つな）がって行くのだ。

注・後述するが、明治三〇年（一八九七）に「北海道国有未開地処分法」が公布され、大規模地積の無償付与などの傾向が、一層拡大していく。

ところで、幕府直轄以来、開拓には全道が開放され、道庁初期時代にも、これに準じて屯田兵などがあちこちに移住してきた。

しかし、移民を分散して各地に入れることは、移民自身が不便であるばかりでなく、行政側からしても、いたずらに手数を要する割には、成績があがるとはいえない。

そこで、明治二六年（一八九三）にはこれまでのやり方を改めて、《一隅（ひとすみ）一方より移住開墾させる》方針を採ることとし、先ず、石狩及びその南西地方における原野より、貸し下げを行った。

ただ、出願者が非常に多いので、明治二九年（一八九六）には十勝、釧路の原野の各一部と天塩沿岸の原野を開放し、次いで各地の原野を貸付けするに至った。

三　植民地の選定事業と貸付地の「予定存置」

新しい開拓制度として、明治一九年（一八八六）に殖民地選定事業が始められた。この事業は同年八月に着手され、殖民選定地の区画は、同二二年から始められた。

個々人が適当な土地を選択することは極めて困難なので、道庁はこの欠陥（けっかん）を除くため、「予め植民地に適する土地を選定しておく」

という方法を採った。そして、この選定地に対して区画の測設を行う一方、未開地の処分を円滑にし、移住民が容易に土地を得られるようにつとめた。

植民地の選定、区画測設のほか、炭鉱会社による鉄道の敷設、道路排水溝の開削その他海陸交通の便を増したことや、移住手引草の発行は、人びとの移住の便に大いに役立った。地形の測量、地質・鉱物の調査、水産税の軽減、水産の調査なども、移民を誘致するのに貢献した。

明治二四年（一八九一）、『北海道殖民地撰定報文』が出版され、原野の概況が一般に紹介された。同年以降は各地の小原野を選定し、同二八年までのものが一括して第二『殖民地撰定報文』として出版された。同二九年にも第三『報文』が出されている。

また、明治一九〜三七年（一八八六〜一九〇四）までに選定された殖民地は、三八〇万町歩を超えている。

一方で、これらの事業は着手後、直ちに効果を見ようとしても難しいので、北海道庁の設置後、二〜三年間は移住者が少なく、拓殖の前途を悲観する者もあった。ここにおいて、《大資本家・大事業家を歓迎する傾向（風潮）》が生じた。そこで、後述するように明治三〇年（一八九七）三月には、「北海道国有未開地処分法」が公布され、確実な大地積出願者に土地を貸下げることとなった。

また明治二五年（一八九二）一二月には、北海道庁内務部の通牒をもって、三〇戸以上の団体移住者に対し、「貸付予定地を存置する」旨を各府県に発出した。

「貸付地の予定存置」制度とは、ひとつの団体を組織して移住しようとする者のために、その移住を完了するまで、貸付すべき土地を予定してこれを存置し、移住のうえ直ちに貸付けを受ける制度をいう。すなわち、三〇戸以上が団結移住者規約を提出し、府県知事がそれを許可すると、移住前に貸付地を予定存置して一定期間はほかへの処分はしない、というものである。

単独移住は渡道後、土地の選定、準備などに多くの日数などを費やさなければならなかったのに対して、団体移住は事前に土地を確保できることで、個人の負担が軽減された。ただ、これは通牒に止まる措置で、一般に広く知られるに至らなかったので、明治三〇年（一八九七）四月、拓殖務令で北海道移住民規則が公布され、府県知事の証明を所持し、開墾目的で団結して移住する者には、開墾地の予定存置をなすべき旨を規定している。

その後、明治三九（一九〇六）年七月には、内務省令で「北海道移民規則」が発布されて従来の北海道移住民規則に代わり、さらには同年一〇月には、北海道庁令で「北海道貸付予定拵置規則」が制定されている。

《トピック一二》 華族組合雨竜農場・蜂須賀農場の開設

前述したように、明治一九年、「北海道土地払下規則」が公布されると、例外的とはいえ、大土地所有の道が開かれ、華族、政商、官僚、豪商たちが、競って大農場の開拓に乗り出した。

同規則三条では、「盛大ノ事業」を行う場合は、制限面積以上の払い下げを認めるとされていたのだ。

明治二二年（一八八九）、内大臣の三条実美・蜂須賀茂韶（もちあき）・菊亭修季（ながすえ）（鷹司輔熙（たかつかさすけひろ）の子で今出川実順（さねあや）の養子。三条実美は伯父に当たる）の三人は、共同して雨竜郡に約五万町歩（一億五、〇〇〇万坪）の原野の貸付を出願し、許可された。

彼らは、「華族組合雨竜（うりゅう）農場」を設立し、アメリカ式の大農場経営による開墾を試みたのだが、軌道(きどう)に乗らず、明治二四年の三条の急死を契機として、明治二六年に解散した。

同年、中心人物の蜂須賀茂韶は、新たに約六、〇〇〇町歩（耕宅地約三、〇〇〇町歩、山林三、〇〇〇町歩）の官有未開地の貸下げを受け、「蜂須賀農場」を新たに開設した。深川・雨竜・秩父別・新十津川の各地にまたがる広大なものだった。

蜂須賀家では、初め直営方式をとったが、うまくいかず、明治三〇年（一八九七）には小作制に転換し、農場の小作人を徳島県をはじめ、各地から募集した。

農場管理者には、徳島県出身の滝本五郎らが就任し、阿波・淡路より小作人一二〇戸が入植するなど、当初の農場の開業や運営には、徳島県人（阿波衆）の役割が大きかった。

しかし、明治三〇年、四国からの北海道移民を乗せた船での虐待(ぎゃくたい)事件や、自然災害による凶作が起ったため、徳島からの移住者は激減し、代わって当時、最大の供給地だった富山県から移住者を募集し、これが徐々に増加した。

作物は、はじめ小豆、大豆、小麦など穀物や飼料が中心だったが、しだいに米作に転換し、明治三〇年代の後半には、経営収支は黒字に転じて経営規模を拡大。国内の代表的な農場にまで成長した。

しかし、同時に小作料をめぐる問題も表面化、大正九年（一九二〇）、蜂須賀農場で最初の争議が起こったのをはじめ、全国的な小作争議の激化に伴い、昭和七年（一九三二）頃まで争議が頻発したことはよく知られている。

昭和二二年（一九四七）、農地解放により蜂須賀農場は解散した。

《トピック一三》 十勝・池田農場の開設

明治二九年（一八九六）、侯爵・池田仲博（第一三代鳥取藩主・池田輝知の養嗣子）と子爵・池田源の二人による組合は、十勝平野で約三〇〇〇万坪（約一、〇〇〇町歩。利別太・下利別原野に約二三〇〇万坪、ウシシュベツ原野約七〇〇万坪）の貸付を受けた。

これをもとに設立された池田農場には、八月、福井県下で募集された一一戸の小作人と二〇人の人夫が先発隊として池田に移住。翌九月に五九戸・二八六人（大部分が福井県坂井郡出身者）が三国港を出航し、まもなく十勝の大津港に上陸した。

翌三〇年には、鳥取県から春秋二期に分けて、春に三〇戸、秋に一〇戸の移住民が入地し、さらに三一年には、同じ鳥取県から二〇戸が小作入地した。

こうして、明治二九〜三一年（一八九六〜九八）にかけて、福井・鳥取両県から約一三

○戸の小作人が入植した。

なお、鳥取、福井両県からの移住の原因は、主に水害や地震、凶作などの自然災害であった。

また、この地方には高島農場（大資本家・高島嘉右衛門の経営）も開設され、明治二九～三三年（一八九六～一九〇〇）にかけて約二〇〇戸の小作人が配置されており、池田町の主たる集落は大農場の成立により形成されたともいえる。

明治二九年以降、池田農場は着々とその実績を上げており、小作経営による収奪を別にすれば、未開の原野を拓き今日の池田町の基礎を築いた実績は、評価できよう。

四　「北海道国有未開地処分法」の制定と移民

本格的な大規模土地所有を認めた「国有未開地処分法」

従来、例外はあったものの、土地の処分は「北海道土地払下規則」により、一人につき一〇万坪（三三・三町歩）を限度として貸下げ、開墾成功の後これを有償で払い下げる原則だった。

しかし、道内の開拓の進展は遅々としていた。

そこで、こうした局面を打開するべく、明治三〇年（一八九七）三月、「北海道国有未開地処分法」（旧法）が制定された。

これにより、開墾、牧畜もしくは植樹に供しようとする土地は無償で貸付けし、開墾成功の後は、これを無償で付与する制度に改められた（無償貸付期間は最長一〇年）。要は「無償貸付け、成功後無償付与」を主眼とし、別に勅令で貸付面積を制限していたのだった。

同年四月の勅令で定められた一人当たりの貸付面積は、大幅に引き上げられた。それはかなり大規模なもので、

① 開墾に供する土地は一人に対し一五〇万坪（五〇〇町歩）、
② 牧畜に供する土地は二五〇万坪（八三三町歩余）、
③ 植樹に関する土地は二〇〇万坪（六六六町歩余）

を限度としていた。しかも、会社・組合に対しては、右地積の二倍まで貸付けることができると定められた。また、この法律による付与地は私有地となり、二〇年後でなければ地租・地方税が課されなかった。

以上の措置は、まさに「大土地所有者の生成」を前面に押し出したもので、北海道独特の制度だった。その背景には、貴族院で半数を占める華族たちが、北海道への土地投資に関心を示していたことが影響したといわれる。

注・国有地の貸付面積…（明治一九年）一七七町歩→（同二九年）五万六、一五八町歩→（同三五年）一九万九、〇二三町歩に増加した。

・明治三〇～四一年までの一一年間に、一四一万七、四八〇町歩の土地払下げがあった。

明治三〇年四月には、北海道移住民規則を定め、府県知事が北海道に移住する者のために証明する方法を設けた。

また、同月の庁令中に、特別待遇として、二〇戸以上の小作人を移住させようとする者に対しては、貸下げ地の「予定存置」ができることを規定。さらに一二月には、庁令をもって北海道国有未開地処分法施行規程を「同細則」と改め、一五万坪以上の貸付を受けようとする者が、小作開墾法による場合は、その小作人を府県から募集すべきことを定めた。

注・明治三五年（一九〇二）一一月、同細則中、三〇万坪以上の貸付けを受けようとする者が小作開墾法による場合は、その小作人のうち三分の二以上を府県より募集すべきことに改めた。

大地積処分に当たって、その開墾条件に、府県から移住者を募集して小作させることを規定したのは注目に値することで、新開地の北海道に、小作農を多くならしめた原因の一つといえよう。

《トピック一四》 法施行後、大資本などが進出・自ら移民募集

「北海道国有未開地処分法」の施行後、北海道の土地に投資し、起業しようとする資本家は、顕著に増加していった。

注・ある郷土史研究家の見解によれば、明治三〇年から一一年間の無償貸与状況を見ると、十勝国(地方)が全道比一七・八パーセントで、不在地主が全道一多い特徴を持っていると指摘し、その典型例として① 大資本家渋沢栄一の十勝開墾会社農場(清水町熊牛)、② 豪商・大資本家の高島農場、③ 華族の池田農場を取り上げている。

その結果、大土地所有の地主自らが土地改良を施して移民を募集し、応募した開拓者に渡航費、小屋掛料、開墾費などを与え、味噌(みそ)を貸与したりして、開墾に当たらせた。

ここで、十勝地方に大地積を得た「十勝開墾会社」の小作人招来要項を例にあげると、小作人の移住初年には、草小屋一棟代として八円、種子代五円、農具代五円を支給し、渡

航費のほか着場の日より向う七カ月間、食料・雑品を貸与した。

貸与品は時価に換算し、移住の翌年から四年賦、無利子をもって返納させるのだ（明治三一〜四〇年頃まで実施された）。

土地は一戸につき五町歩を割り渡し、四カ年の開墾成功とし、成功した者に対しては、さらに一戸分の地所を割り渡し、無保護によって開墾させる。開墾料は土地の難易によって一反歩三円ないし一円を支給し、小作料は開墾四カ年目から一反歩につき三〇銭以上五〇銭を徴収し、以後五年目ごとに調査の上、相当の改正をするというのが、その大体である。


こうして大資本と多数の人びとの努力によって、一段と開拓が進められた。当時、先住の親戚知己（しんせきちき）を頼ったり、団体移住により自作農となったものも相当あったが、総体的に見ると、当時の移民は主に小作農であったようだ。

大地積処分の一面として、大地主とくに不在地主の中には、土地付与後、種々の事情で広大な土地の起業を止めて未利用地を残し、本道開拓を阻害した例もあった。しかし、大局的に見るとその数は少なく、大資本の手による開拓を促進して今日に実績を遺した側面を否定するのは、むずかしいかもしれない。

ただ、多数の小作農の移住に伴い、一方には甘言で移住者を誘って私利を図り、あるいは移住者の名義のみを連ねて、実際は移住の手続きをとらないような悪徳仲介者を生じたことも考慮され、明治三九年（一九〇六）七月、内務省令をもって公布した「北海道移住民規則」第六条に、

「左の各号の一に該当するものにあらざれば府県に於て北海道に移住すべき小作を募集し又は小作人をして北海道に移住せしむることを得ず

一、国有未開地の貸付売払許可書又は北海道庁長官北海道庁支庁長の証明書を有する本人又は代理人

二、北海道移住民の募集を業とするものにして其の募集人員に付予め北海道庁長官の認可を受けたるもの」

注・原文はカタカナ使用

と規定し、違反者に対しては罰金を課することとして、厳重に取り締まった。

なお、明治三〇年に公布された「北海道国有未開地処分法」は、後述するように、同四一年（一九〇八）に至り改正されることになる（注・改正前を「旧法」、改正後を「新法」といっている）。

五　〝園田一〇年計画〟と移民政策

北海道庁の設置以来、歴代の長官は鋭意、拓殖事業の発展に尽くしたが、いまだ全般的な計画を樹立するには至らなかった。

しかし、明治三四年（一九〇一）、園田安賢（そのだやすかた）長官（第八代。鹿児島県出身）が、いわゆる〝園田一〇年計画〟（「北海道一〇ヵ年計画」。計画期間は明治三四～四三年度だが、実施は最終的に同四二年度までの九ヵ年間であった）を定めるに及んで、一大変革を見るに至った。

開拓使以来の諸施設は、ことごとく国費をもって支弁してきたが、ここで地方費の制度を設けて国費と地方費を分離。国費をさらに行政費と拓殖費とに分かち、明治三四年以降一〇年間に、前者は総額一、一八〇万円、後者は二、一六一万円とし、それぞれ一定額を定めて諸般の事業遂行を期したのだ。

しかし、この計画は、実施後間もなく日露戦争（明治三七年ぼっ発）に遭遇（そうぐう）し、中止または繰り延べのやむなきに至り、進展がはかばかしくなかった。

このため、明治四二年度（一九〇九）をもって打ち切り、ついに九ヵ年計画となった。

実際、拓殖費の支出はわずか予算の五分八厘に過ぎず、各種事業はことごとく頓挫した。

この計画が移民をどう扱ったか、という点であるが、従前同様に直接保護を避けて、「間接保護主義」を採った。

わずかに汽車汽船賃の割引、乗船及び上陸港湾における保護ならびに新移住地における開墾、衛生等に関する指導等はなされたが、その程度に止められ、もっぱら精力は植民地の選定、区画測設、産業の奨励、道路・排水・灌漑溝の開削など間接保護に傾注された。また団結移住者に対し、未開地貸付予定地存置の法を設けてこれを奨励し、拓地殖民の発展を企てた。

こうして一〇年間に、およそ五二万人（九カ年分予定数は四六万八千人）を北海道に移住させる予定で実施されたが、九カ年間の実施成績は四三万八、八五一人で、一〇カ年の予定に対し八四㌫、九カ年分予定に対し九四㌫の成績だった。

ただ、注目すべきことに、園田一〇カ年計画は実績が思わしくなく、各種事業がことごとく頓挫したにもかかわらず、独り移民事業だけは、ほぼ所期の予定に近かった。

原因は当時、直接保護こそしなかったが、処分の対象土地は肥沃で農耕に適しており、さらには、明治三〇年三月（園田安賢長官の三代前の原保太郎長官（京都府出身）の時代）に行われた「北海道国有未開地処分法」の制定以降は、大地主が官に代わって直接保護の衝に当たり、多くの小作移民を内地から招致したからだと思われる。

六　移住民の保護施策の内容

北海道庁の設置以降、移住民に対しては従来の直接保護方針を改めて、直接、金品を給貨せず（後述する十津川罹災民、山梨県罹災民は例外として）、もっぱら間接助長の方針が採られたことは、前述のとおりである。

ただ、明治三一年（一八九八）以降、移住民に旅行上の保護を与え、幾分、間接助長の政策が緩和された。

次に、この時代の末期、つまり園田一〇年計画の末期である明治四一〜四二年（一九〇八〜〇九）頃における移民保護施策の概要を見てみる。

①　移民事務取扱嘱託

移住を希望する者に手続きを説示し、その他諸般の便宜を与えるため、府県吏員に移民事務取扱を嘱託していた。その数は二一一戸、三三三人である。

② **移民取扱事務所**

青森・名古屋・神戸・伏木の四カ所に移民取扱事務所を設置し、毎年一一月より翌年五月まで吏員を派遣。移民に対して指導、保護その他の便宜を与え、また道内においては函館・小樽・室蘭の三港に常設し、釧路・稚内・網走等にも臨時に開設した。

③ **移民取扱組合手当支給**

神戸、伏木、青森の移住民（周旋等）組合は、いずれも移住民に便益を与える目的で該地の旅館の有志があい謀って設立したもので、道庁はこれらに奨励のための手当を支給した。

④ **船車賃の割引及び無賃**

船車賃の割引及び無賃は、しばらく移住民に行わなかったが、時勢の変化に鑑み、明治二七年、北海道協会が各営業者に交渉してこれを行ったのが初めで、同三一年の内務省訓令でこれを定めた。

⑤ **渡航の保護**

明治三一年内務省令第八号「北海道移住民渡航船舶取締規則」により、移住民一〇〇人以上を搭載しようとする船舶は、警察官署に届け出て臨検を受けるものとし、回漕(かいそう)問屋、旅人宿その他移民の渡航を周旋する者は、そのつど船名、発航日時、船賃及び渡航周旋料または手数料等を、警察官署に届け出ることを定め、みだりに金銭を貪(むさぼ)ることができないようにした。

また、同省訓令をもって、移民三〇〇人以上乗船の場合は、警察官一人以上を付き添わせて保護することを定めた。

⑥　移住証明の特典

開墾目的の移民で、郷里の市町村長または郡長、府県知事の証明書を携帯するときは、未開地の貸付けまたは売払いを受けるに当たって便宜を与えられる。

また、新来移民たることを証する書類、例えば書信、汽車汽船割引券などを携帯(けいたい)する者も同様の特典を受け、団結規約を締結する者には、とくに貸付予定地を出願する便宜が与えられていた。

⑦　戸数割、段別割の免除

移住後、耕作牧畜に従事する者は、三年間地方費中の戸数割を免除し、また国有未開地処分法により付与せられた土地は、民有に帰した翌年より二年間、段別割を免除した。

《トピック一五》 徳島県知事関義臣の二〇万人北海道移住計画

明治二五年（一八九二）七月の「徳島日日新聞」に、「関義臣徳島県知事が徳島県民二〇万人（四万戸）を一〇年かけて北海道へ移住させる」という計画案のことが掲載された。

当時の徳島県民の人口は、約七〇万人であるから、その三分の一近い膨大な数だ。

この関義臣（元福井藩士で別名山本龍二郎。幕末には坂本龍馬の亀山社中・海援隊に所属し活躍した人物）の破天荒にも見える移住奨励策は、徳島の貴重な基幹産業である「阿波藍」生産業の衰退－徳島県の産業構造の停滞と不振－が背景にあった。過剰人口を北海道に殖民させ、双方の発展を画策したというわけだ。

関知事（明治二四〜二六年在職）の辞職により、この案は直接的には実現に至らなかったが、徳島県の北海道への殖民移住策は、停滞の始まった県の経済や産業の打開策としても取り上げられ、その後も奨励されていく。

明治二四年に組織された「那賀郡北海道殖民同盟会」（宇野為五郎・友成士寿太郎らによる集まり）の活動は、徳島県内の有力者による北海道への殖民移住事業の代表的な事例であった。

ほかにも明治中期以降、吉野川流域の藍作地帯や、県南各地から阿波団体や徳島団体と呼ばれる農民たちが団体移住をしたり、県人によって多数の農場が道内各地に開設されていった。

その結果、徳島県は、「最も積極的な北海道移民県」として、移住人数では全国一一番目、西日本では香川県と並んで卓越した移住県となった。

他にも「興産社」の活動をはじめ、北海道各地における製藍事業、前述の蜂須賀農場、後述する関寛斎、仁木竹吉、阿部興人や阿部宇之八による開拓など、徳島県人の奮闘ぶりには、目を見張るものがあった。徳島県人の移住は、開拓期の北海道に大きな役割を果たしたのだ。

《トピック一六》　斗満原野に理想を求めた関寛斎

明治三五年（一九〇二）四月、関寛斎（当時七二歳。千葉県生まれで徳島県の医師）とあい（同六八歳）の夫婦は、徳島を発って北海道を目指した。

すでに、北海道では七男又一が札幌農学校に入学しており、同二七年には、石狩郡樽川殖民原野第七線二〇㌶の貸付けを受け、樽川の関農場は一〇八㌶にまで拡大していたが、この農場は入植した小作人たちに任せた。

又一が農学校を卒業すると、さらに奥地十勝・釧路にまたがる陸別原野（斗満原野を含む）一、三七七㌶の貸付けを受けた。

明治三九年（一九〇六）には、石原六郎、神河庚蔵、三木與吉郎ら徳島関係者の貸付地も含め、開拓許可面積は七、二〇三・六九㌶に及んだという。

そのうち、一、〇一一㌶が明治四二年、寛斎の息子・周助・餘作・又一名義で成功付与を受けている。

冬季にマイナス三〇度以下の気温になることも珍しくない厳寒の斗満（現陸別町）の地で、寛斎は周辺住民に施療しながら開拓に携わり、入植一〇年後の大正元年（一九一二）一〇月一五日に自宅で没した。享年八二。

寛斎は小作人に農地を解放することを希望していたが、又一はアメリカ式大農場を夢見ていたようだ。

こうしたことから、寛斎は家族間の葛藤、自らの身体の衰弱などに耐えられず、服毒自殺したといわれている。

七　例外的な特別保護移民

明治一九年（一八八六）以降、移民に対し直接保護の方法は廃止されたが、これには二つの特別処分（例外）があった。一つは奈良県十津川郷からの移民、もう一つは山梨県の移民で、いずれも水害罹災（りさい）移民である。

なお、この二つの例のほか、明治一九年一月、新潟県長岡市で北海道開拓・県下窮民の移住を目的に創立され、同二三年頃から江別市野幌一帯に多数の移民を入植させて開拓を進めた「北越殖民社」の場合も、当時は官による渡航・入地の直接的保護は無くなっていたが、同社幹部の粘り強い運動によって、北海道庁による特別の補助・援助を獲得している。

《トピック一七》　奈良県十津川村の罹災移民

明治二二年（一八八九）八月、奈良県吉野郡の十津川郷の人びとは、未曽有の洪水に罹災して、住民の大部分が家屋・田畑などを失った。

このため、郷中の有志たちは、団結して北海道に移住することを決意し、翌九月、これを奈良県庁に請願した。

これを受けた奈良県庁から協議があると、北海道庁は吏員を派遣して実情を説明した。

その一方で、空知郡滝川村の対岸（石狩川を隔ててその西方）、樺戸郡徳富川流域付近を選定して移住地とし、さらに一戸分を五町歩と定めて、区画の測設を施した。

これが、北海道における植民地区画の鏑矢である。同地は石狩川に沿った沖積土で、平坦かつ肥沃、農耕には最適のところだった。

罹災民六〇〇戸、二、九八九人は、奈良県庁及び道庁の官吏や医師たちの保護・協力を得て、順次、郷里を出発し北海道に向かう。一〇月三一日の小樽港着船を第一回、一一月一七日のそれを最終便船として、前後三回にわたり渡道した。

小樽上陸後は、汽車で市来知（三笠市）に至り、ここから徒歩で滝川村字空知太（空知川の石狩川合流点付近。滝川市・砂川市付近）に到着した。しかし、既に時期は冬に向かっていたので、道側は旅行中の保護等には細心の注意を傾けた。

到着後は屯田兵司令部と協議し、空知太の屯田兵屋及び什器（じゅうき）などを貸与して一時、ここに仮居させ、越年して融雪期を待つことにした。

翌二三年六月、移民たちは樺戸（かばと）郡字トックの新移住地に移り、新十津川村（新十津川町）を開いた。

なお、六〇〇戸のうち、九二戸（男一六五人、女一五六人）は、屯田兵になることを志願したので、滝川屯田兵に編入した。さらに同二三年八月、十津川郷民三〇戸・一八八人（男一〇二人、女八六人）を、屯田兵編入移民の補充員として、新十津川村に移住させた。

これらの十津川郷民に対しては、皇室から救恤金（きゅうじゅつきん）（救済金）が下賜（かし）され、各戸ごとに未開地五町歩のほか、米、味噌二カ年分、住宅及び仮小屋、農具、家具等を給与することになった。このため政府は、一七万五、七四一円を支出した。

また、移住当初は、空知太に札幌病院出張所を設け、移住後も村医を置いて、地方費からその俸給、薬価などを補給した。

このような特典を与えたのは、災害によるといいながらも、かつて十津川郷民が勤王の志が篤かったことによるともいわれる。

《トピック一八》　山梨県の罹災移民

明治四〇年（一九〇七）夏、山梨県下に洪水があり、多数の県民が糊口に迷う有様となった。山梨県庁では窮民を北海道に移住させることとし、北海道庁と折衝した。

そこで道庁は新たに殖民地を虻田郡倶知安村のワッカタサップ、ペーペナイ、ヌプリカンベツの三字及び同郡弁辺村（豊浦町）字荘瀧別に選定した。

これに対し、山梨県は罹災者に北海道移住の有望さを説き、募集につとめた結果、希望者が六八四戸に達した。

国、山梨県も計一五万円の補助金を出して、支援することになった。

これらの罹災民のうち、三〇一戸、一、四三七人は、明治四一年の四～五月に三回に分かれ、汽車汽船はすべて無賃取扱いで函館から弁辺村に直航入地した。現地では、各自の住宅建設に至るまで共同居小屋に住んだ。

翌四二年三月、第四回罹災移民として一〇六戸・五一九人が郡長に引率されて渡道し、弁辺村に入地した。

前後四回を通じて移住した数は、四〇七戸・一、九五六戸である。

移住当初は、食料、農具、種子など現品を支給して差し当たっての生活を助け、その後の食料は移住民の資力を斟酌（しんしゃく）し、これを甲、乙、丙、丁に分けて割合を定めた。お金は郵便貯金とし、所轄村長の手を経て給与した。

共同小屋については、明治四一年入地の移住民のため、荘瀧別ほかに一五棟を建て、一棟に一五～二〇戸を収容した。

また、同四二年に移住民の各自住宅を建設するまでの間、宿舎に当てるため六棟を建設したりした。

八　いわゆる「団結移住者」と屯田兵

（一）「団結移住者」の移住の奨励

郷里を同じくする者が、団結して移住し、助け合い、励まし合って事業に従事することは、開拓を進めるうえで必要だった。

こうした開拓を志す人たちを、便宜上、「団結移住者」と呼んでいる。そしてその成績の良否は、団員たちの気風、率先者の指導力などによって分かれることになる。すなわち、団員に共同心がなく、率先者に人を得なければ、むしろ単独移住者に劣ることになるだろう。

しかし、概していえば、団体移住の成績は単独移住に比して勝っているといえる。そこで、北海道庁の設置以来、団結移住者の計画が奨励されてきた。

明治二五年（一八九二）一二月、北海道庁は団結移住に関して府県に照会している。すなわち、
① 三〇戸以上の団結移住者に対しては三年以内、「貸付予定地を存置」することを府県知事に通知し、
② 明治二八年二月には、さらにその内容を改正して、三〇戸以上氏名の確定している者が団結し、初め二年に毎年総戸数の三分の一以上ずつ、三年目には残りの戸数が移住することと決定し、規約を定めて出願する者には、区画地と否とを問わず、一戸につき五町歩（約五㌶）を標準として貸下予定地を存置し、貸付け停止中の土地に対してもまた、

とくに予定存置することあるべしなどと定めた。

これ以降、団結移住者は大いに増加し、拓殖上に好成績をあらわした。

その後、団結移住に関し、数回にわたって規則の発布があったが、大筋は前掲と変わりなく、ただ三〇戸以上をあらためて二〇戸以上とし、明治三九年（一九〇六）、さらに一〇戸以上と定めたのみである。

《トピック一九》　団結移住者中、成績良好な団体等の例一覧

ここで、開拓使以降の団結移住者のうち、成績良好といわれている事例をいくつかあげる。

広島団体（**明治一七年～、札幌郡広島村**）

広島県段原村の和田郁次郎ら広島県人二五戸が移住し、これが地名の由来となる（現・北広島市）。以降、同県人及び福井県人らの移住があって村落をつくった。和田は、功をもって藍綬褒章（らんじゅほうしょう）を賜った。

愛知県団体（明治二七年、石狩郡石狩町生振原野）

長江常三郎らが率先者となって、五六戸移住。勤倹にして風俗が良好であった。

三重県団体（明治二六年～、空知郡幌向村幌向原野）

三年間に一〇〇戸が移住し、分かれて二カ所に入地した。「パンケソー」に入った方が成績が最も良く、その率先者は板垣某であった。

奈良県団体（明治二二年、樺戸郡新十津川村）

十津川郷罹災民六〇〇戸が、政府の保護を受けて新十津川村に移住したことは、前述のとおり。

東予団体（明治二九、三〇年、雨竜郡パンケホロマップ（現沼田町東予地区））

伊予国（愛媛県）の宮崎春次が率先移住し、五五戸の団体を結び移住した。よく共同一致し、成績が良好だった。

福島県団体（明治三一年、上川郡東旭川村ペーパン原野）

菊田熊之助ら数十戸が移住。以降、艱難辛苦を経てついに成功し、一同よく和合し勤倹の美風を守った。

山口県団体（明治一五年～、余市郡大江村）

旧山口藩主毛利元徳が一、〇〇〇㌶の土地の払下げを受け、明治一四年、旧家臣栗屋貞一らを準備のため余市郡大江村（仁木町）に入地させ、翌一五年以来、旧家臣数十戸を移して開拓し、勤倹を旨として善良の美風をつくった。この地は毛利氏の祖先・大江広元にちなんで、「大江村」と名付けられた。

伊達邦成主従（明治三年～、有珠郡伊達町）

明治三年以来、仙台藩亘理領の伊達邦成主従が移住。非常な困難を経て開拓し、村落をつくった。

伊達邦直主従（明治五年～、石狩郡当別町）

明治五年以降、同じく仙台藩岩出山領の伊達邦直主従が困難を押して開拓に入り、村落をつくった（彼らは当別入りの前年、厚田郡シップ（聚富）の開拓に入った時期がある）。

淡路団体（明治一八年、静内村字碧蕊村）

讃岐（香川県）の渡辺伊平が、淡路国（兵庫県淡路島）の農民三二戸を勧誘して団結移住し農業に精励。その他牧畜の改良、堤防の植樹、共同販売など成績には見るべきものがあり、伊平はその功で藍綬褒章を賜った。

愛知県団体（明治二九年、三〇年、河西郡芽室村メムロプト原野）

明治二九、三〇年の両年に数十戸が移住し、よく一致共同し、農作はもちろん牧畜業も盛んであった。

矢部団体（明治三〇年、河東郡東士狩村音更原野）

富山県矢部村の村田守太吉ら二〇数戸の団体で、明治三〇年の移住以来、共同でことに当たり、勤倹財を治め、成績良好であった。

江波団体（明治三〇年、河東郡然別村音更原野）

富山県江波村の西島要次郎ほか三〇余戸からなり、明治三〇年に移住。その土地は、矢部団体の土地に接続し、成績も良好だった。

岐阜団体（明治三四年、上川郡上名寄村）

明治三四年、三三戸が移住する。種々の困難を経てついに成功し、公私の事業ともよく共同一致をもって遂行。諸地方移住団体中の優良なところだった。

石川県団体（明治三一年〜、留萌郡鬼鹿村大トドコ原野）

明治三一年以降、移住した約四〇戸の団体で、一同和合し、勤倹を守り、風俗善良だった。桑原権兵衛なる者が、終始、団体のために尽した。

金光団体（明治四二年、紋別郡渚滑村瀧ノ上原野）

岡山県の金光教信徒二〇戸の団体で、明治四二年に移住し、資金を同教の教会本部から借り、よく共同して熱心に開墾に従事した。移住団体中、出色のものであった。

（二）屯田兵村の拡大

この時代は、屯田兵としては最も盛んなときで、明治一九年―三四五戸、二〇年―三五六戸、二一年―一九四戸、二二年―五二二戸、二三年―七八七戸、二四年以降は年々五〇〇戸を募移し、三二年―上川郡剣淵村の三三五戸、同年士別村の九九戸をもって終わりを告げた。

その移住地は札幌、空知、雨竜、上川（石狩）、上川（天塩）、室蘭、厚岸、根室、常呂、紋別の一一郡で、北海道の戸口増加の一要素をなした。

（三）内陸原野及び海岸部への移住の展開

この時代における内陸原野の開発状況を概観すると、北海道庁設置の初め頃、石狩原野では札幌付近に村落を見るのみで、その他には士族を移した空知郡岩見沢村及び集治監の所在地、樺戸郡月形村などがあるのみであった。

以降、原野を区別して貸付けたため、たちまち開拓されて、至るところに村落を形成した。十勝原野は、北海道庁時代の初めはわずかに晩成社（ばんせいしゃ）の移民その他、数戸の和人を認めるのみであった。

しかし、その後、入地する開拓者が絶えなかったので、明治二九年（一八九六）以来、これを開放して貸下げたため、戸口が著しく増加した。

天塩の諸原野は、明治二九年以前はほとんど和人が見られなかったが、同年以来、海岸の諸原野を貸下げ、同三三年以降、天塩川沿いの原野を貸付けしたため、移住者が増加していった。

北見の諸原野は、明治二七〜二八年（一八九四〜九五）以後、漸次開墾したため、年々移住者が増えた。

釧路の諸原野は、三県一局時代に開けた鳥取村のほか和人がいなかったが、明治二九年以来、次第に移住者を増し、その他胆振、日高の諸原野も、いずれも年とともに戸口が増加した。

こうして原野に人煙が増えるに従い、ところどころに市街地を生じ、旭川、岩見沢、滝川、深川、名寄、倶知安、帯広その他数多くの市街地の形成を見るに至った。

海岸部は、従来、漁民らが住んでいたので、戸口の増加は内陸原野のように顕著ではなかったが、年々発展し、ことに港湾は驚くほど発展した。

小樽は最も著しく、室蘭、釧路、岩内、留萌、稚内、網走などがこれに次いだ。ただ、松前及び江差は、時勢の変遷とニシン不漁などのため、著しく戸口を減らした。

(四) 移民の盛況・拡大

当時における移民の広がり、流れを見てみると、北海道庁設置以降、年々その数を増やし、明治三〇～三一年（一八九七～九八）は盛況を呈して、年間六万人以上の移民となった。

明治三一年、本道が大水害にあったため、翌三二年はにわかに減少して四万五、〇〇〇人余りとなり、以降、数年間は府県民の移住心にマイナス影響を与えた。

また、明治三四年（一九〇一）の府県の豊作で翌三五年の移住者は減少したが、同三五年の東北地方の凶作は、以降、同地方からの移住者増に結びついた。

さらに、明治三七〜三八年（一九〇四〜〇五）の日露戦争後は、府県が不景気に見舞われたので移民が増加。平和が戻った後は人心大いに興起し、企業熱が盛んになり続々と移住者があった。

明治四〇〜四一年（一九〇七〜〇八）には、いずれも年間の移住者が約八万人に達し、未曽有（みぞう）の盛況となった。

同四一年は北海道が凶作だったので、翌四二年には移住者が減少、四三年に至りいっそう移住者が減少した。しかし、これらは一時の現象で、大局的に見ると移住者は概ね増加傾向をたどった。

すなわち、この頃の移住民の増加は、官庁の招来施設の効果もさることながら、北海道の実情がようやく内地の一般国民に知れ渡るようになった結果だと思われる。

次に、当時の移住民を出身都府県によって区別すると、開拓使時代と同様、比重が大きいのは東北・北陸の両地方で、明治三三〜四二年に至る一〇カ年の平均で見ると、この二つの地方の移住者が、総数の七割一分を占めている。

これに次ぐのは徳島、岐阜、愛媛、鳥取、愛知、兵庫、広島らの諸県である。

また、山梨、三重、奈良、岡山、山口、高知の各県は、累年（るいねん）平均においてはその数が多くはないが、ときどき顕著な団体移民を出している。

〔明治三三〜四二年に至る一〇年間に、とくに多くの移住者を出した府県〕

注・数字は一〇カ年累計の移住者数

府県	移住者数	備考
青森県	四、六〇八人	職業は種々で、とくに農民が多いことでは顕著
岩手県	二、八七二人	農民が多いが、漁工その他雑業者も少なくない
宮城県	四、一七七人	七割は農民で、農民の数の多さは府県中第二位
福島県	二、五三八人	七割は農民
秋田県	四、三二七人	職業は種々で、漁民の多いことでは府県中第二位
山形県	二、九二一人	六割は農民、四割は漁民その他雑業
新潟県	五、五四〇人	職業は種々で農民は府県中第四位、漁民は第三位、商工は第一位
富山県	六、二三三人	農民が八割を占め、農民が多いことでは府県中第一位

石川県　五、〇四七人　職業は種々で、農民は五割を占め、府県中第三位
福井県　二、九六三人　六割以上は農民、他は雑業
岐阜県　一、八六六人　農民は九割以上を占め、府県中第六位
愛知県　七二七人　九割は農民
滋賀県　五三〇人　農商の二業が多い
兵庫県　七五〇人　七割は農民、三割は商その他雑業
鳥取県　八〇〇人　七割は農民、三割は漁その他雑業
広島県　七五一人　七割は農民、三割は工その他雑業
徳島県　一、九二七人　九割は農民で府県中第五位
香川県　一、三三一人　九割は農民
愛媛県　八六九人　九割は農民

〔全道移住民数＝来住者数＝年度別統計〕

明治一九年　九、六〇九人　明治二三年　一五、三九三人
二〇年　九、〇三八人　二四年　一五、七三八人
二一年　八、五八六人　二五年　四二、七〇八人
二二年　一三、一一八人　二六年　四九、〇四七人

明治二七年	五五、二五九人	明治三五年	四三、四〇一人
二八年	五九、六七一人	三六年	四四、九四二人
二九年	五〇、三九六人	三七年	五〇、一一一人
三〇年	六四、三五〇人	三八年	五八、二二四人
三一年	六三、六二九人	三九年	六六、七九三人
三二年	四五、三九四人	四〇年	七九、七三七人
三三年	四八、一一八人	四一年	八〇、五七八人
三四年	五〇、一〇五人	四二年	六三、八四八人

（注）明治二四年以前は、戸口ともに転籍した者に限り、二五年以後は、一時の旅行者を除くほかは、転籍・入籍、寄留とも皆、これを計算。

〔全道戸口数・人口の統計〕

年	戸数	人口
明治一九年末	六二、七四五戸	三〇三、七四六人
二〇年末	六七、五四四戸	三二一、一一八人
二一年末	七二、六七七戸	三五四、八二一人
二二年末	七八、三三七戸	三八八、一四二人
二三年末	八六、四〇三戸	四二七、一二八人

年末	戸数	人口
二四年末	九二、四二二戸	四六九、〇八八人
二五年末	二九、九七九戸	五〇九、六〇九人
二六年末	一一一、一八四戸	五五九、九五九人
二七年末	一二五、一一二戸	六一六、六五〇人
二八年末	一三六、八六〇戸	六七八、二一五人
二九年末	一四九、一四〇戸	七一五、一七二人
三〇年末	一六四、四〇八戸	七八六、二一一人
三一年末	一七二、八九六戸	八五三、二三九人
三二年末	一七九、四七三戸	九二二、五〇八人
三三年末	一八六、四〇五戸	九八五、三〇四人
三四年末	一八九、五二六戸	一、〇一一、八九二人
三五年末	一九七、五七六戸	一、〇四五、八三一人
三六年末	二〇一、六〇六戸	一、〇七七、二八〇人
三七年末	二一三、九七七戸	一、一二四、六七二人
三八年末	二三〇、七八八戸	一、一九二、三九四人
三九年末	二四二、八六二戸	一、二八九、一五一人

四〇年末	二五九、六六二戸	一、三九〇、〇七九人
四一年末	二七七、四四四戸	一、四四六、三一三人
四二年末	二九一、二〇六戸	一、五三七、三九七人

注・以上はいずれも北海道資料による。

《トピック二〇》　北光社移民による北見開拓

北光社（ほっこうしゃ）は明治三〇年（一八九七）、北見（当時のクンネップ原野）に新天地を築くため、坂本直寛（なおひろ）（坂本龍馬の長姉・千鶴（ちづる）の子で、のちに龍馬の兄・権平の養子となり坂本家本家第五代目当主となる）・沢本楠弥（くすや）・前田駒次（こまじ）ら高知県有志によって組織された開拓会社で、高知市内の高瀬屋（旅館）に開拓移民の募集事務所を開設して、移住者を募った。

移民団の第一陣となった一一二戸は、同三〇年三月、高知港を発ち、須崎港で再編成した後、関門海峡を通って日本海に出て北上、小樽港へ向かった。

それからさらに北進し、宗谷岬を回って網走港に入港。ここから今の北見市へと移住の第一歩をしるした。彼らは人跡未踏（じんせきみとう）の原野で苦難に耐えて、開拓の成果をあげ、北光社入地のすぐ後に入った屯田兵たちとともに、今日の北見市発展の礎を築いた。

《トピック二〇の二〔追補〕》　松平農場と前田農場の開設

松平農場の開設

明治二七年（一八九四）、出雲国松江藩（島根県）の一一代藩主松平定安の三男・松平直亮（なおあき）は、上川郡鷹栖村近文原野の国有未開地の貸付けを受けて松平農場を開設。内田瀞（きよし）ら有能な農場管理者に恵まれ、総面積約一、三五〇町歩、小作農約三四〇戸の模範的大農場に発展。その後の昭和一二年（一九三七）、国の自作農創設政策に沿い全農地を小作農へ譲渡し、四三年間の農場の歴史に幕を閉じた。

前田農場の開設

加賀藩（石川県）の一五代当主・前田利嗣（としつぐ）は岩内郡（共和町）に起業社を興すが、明治二八年（一八九五）、石狩郡の茨戸・手稲付近の土地を得て前田農場を開設。創業一五年目の明治四一年（一九〇八）、農場面接は約二〇〇六町歩に達し、四四年には皇太子殿下台臨の栄誉に浴する。その後の昭和一三年（一九三八）、前田農場を廃止し軽川詰所で残地処分を進める。同二一年すべての土地処分を完了、農場五〇年の歴史に終止符を打つ。

第五章　第一期拓殖計画時代の移民（明治四三年〜大正期〜昭和元年）

一　第一期拓殖計画による移民計画—人口三二七万人を狙う

第一期拓殖計画の最終的な期間は、明治四三年度（一九一〇）〜大正期（一九一二〜二五）〜昭和元年度（一九二六）に至る一七年間（当初計画は一五ヵ年間）であった。

この間、土地処分上は「特定地」の制度が実施され、移民の招致上では「許可移民」の創設を見るなど、北海道の移民史上、大きな足跡を残している。

前述したように、園田安賢・北海道庁長官の一〇年計画（「北海道一〇ヵ年計画」—計画期間は明治三四〜四三年度）は、本道の拓殖計画の最初のものだったが、実施後間もなく日露戦争に遭遇し、財政難のため予定とは大幅なかい離を生じた。

その結果、予定の年限を待たず明治四二年に九カ年で打ち切りとなった。

翌四三年、河島醇（かわしまあつし）長官（鹿児島県出身）により一五カ年計画（のち大正六年に、二カ年延長して一七カ年計画となる）が樹立せられた。世にいう「第一期拓殖計画」である。

この計画の基本方針は、拓殖費財源を北海道における国庫の自然増収に求めたもので、いわゆる〝自給自足主義の実現〟であった。

しかし、実施の途中で第一次世界大戦（大正三〜七年）のため景気が上向き、北海道の自然増収も著しく増加。同計画も次第に拡充されていった。

こうして、明治四三年度〜大正一五年度（昭和元年）までに、予定の七、〇〇〇万円をはるかに超えた一億五、八七一万余円を支出し、多大の業績を残して期間が満了した。

この第一期拓殖計画では、先ず北海道に収容し得る人口については、農耕適地に収容し得るべき戸数を基礎とし、移住民中、農業者とその他との比例を参酌して、次のように推計されていた。

〈来住人口の予想〉

① 明治四三年度以降、処分すべき農耕適地　六三万五、八五〇町歩
② 農家一戸当たり農耕地　五町歩（仮定）
③ 来住農家戸数　一二万七、一七〇戸
④ 同上　一戸当たり人口

（最高最低を除きたる最近一〇ヵ年平均）　五人二分九厘

⑤　来住農業人口　六七万二、七二九人

⑥　来住人口総数に対する来住農業人口の歩合
（最高最低を除きたる最近一〇ヵ年平均）　五割二分一厘

⑦　来住人口総数にその他の人口の歩合　四割七分九厘

⑧　来住農業人口に対するその他の来住人口　六一万八、四九七人

⑨　来住人口総数　一二九万一、二二六人

⑩　同上一五ヵ年平均一ヵ年分　八万六、〇八一人

今、仮に来住人口に対して、明治四一年来現在人口より生ずる自然増加人口を加算するときは、左の結果を得るべきである。

〈自然増加人口予想〉

①　明治四一年末現在人口　一四四万七、一一九人

②　人口平均増加歩合
（最高最少をのぞき、最近五ヵ年分）　一、〇〇〇分の一九

③　明治四三年度以降一五ヵ年間の増加人口　四八万一、〇三四人

合計　明治四三年度以降一五カ年間の増加人口　一七七万二、三六〇人
明治五七年末現在人口　　　　　　　　　　　三二一万九、三七九人

右の人口は、明治四二年分の増加人口を含んでおらず、仮に同年の増加人口を前年と同じく五万七、〇四〇人と見なし、これを加算するときは、総計三二七万六、〇〇〇人となるべきである。以上、明治四一年末現在の人口一四四万七、〇〇〇余人を基礎として、四八万一、〇〇〇余人の自然増加のほか、明治四三年度以降、一五年間に一二九万一、〇〇〇余人の移住者を招致し、本計画終了年度の人口を約三二七万六、〇〇〇余人に到達させることを、大体の目標としていた。

二　法改正で国有未開地の貸付け・売払いを拡大

第一期拓殖計画では、一二九万一、〇〇〇人もの移住者を予定していたが、うち六七万人と過半数を占める農業移民者を、どこに収容しようとしていたのだろうか。

この計画の実施に先立つ明治四一年（一九〇八）四月、「北海道国有未開地処分法」の一部が改正された（新法）。これは、未開地の処分上、大改変であった。

明治三〇年に制定された「国有未開地処分法」（旧法）は、大地積の無償付与を主たる目的としていたが、改正法（新法）は、それまでの無償貸付け・無償付与制を「売払制」に改めるとともに、自作小農扶植のために「特定地貸付」制を設け、無償で貸付け・付与することにした。

ただし、同時に、会社や組合に対する国有地の売払い面積は五倍まで可能とされ、華族や大地主など大資本への大地積処分は、形を変えて続けられた。

以下、具体的に述べると、

・「売払い」は、直ちに大地積（注・耕作地は五〇〇町歩以内、牧畜及び植樹地は各八〇〇町歩以内、会社・組合その他共同して事業を経営する者に対しては、資産及び人員に応じ、上述面積の五倍まで）の所有権を得させるもので、資本家の企業経営に適している。

・一方、「貸付け」の制度は主として「特定地」であって、これは小農者に一〇町歩以内の未開地を無償貸付し、貸付けの翌年から起算して五カ年以内に、六割ないし八割以上を開墾した場合は、土地及び地上の立木を無償付与とするものである。

「特定地」の貸付けを受けるための資格については、同法施行細則の定めるところによると、

① 「北海道移住民規則」による団結移住者
② 耕作の目的をもって、新たに移住し、その証拠書類を携帯する者
③ 耕作の目的をもって移住し来た所有地または貸付地もしくは小作地を得ざる者

となっており、明治四四年（一九一一）一一月には、

「前項第三号の所有地または貸付地もしくは小作地を有するものと雖も、耕作し得べき地積僅少にして生計上必要と認めるときは、特に貸付することあるべし」

と追加している（注・いずれも原文はカタカナ使用）。

以上のとおり、改正法においてはできる限り農耕適地を選定し、付近の開発及び土地分配の状況を斟酌して、主に府県から入地経営する中小農の収容を図るよう努めたものだった。自作農による確実な経営を期待したといえる。

注・大正期に至ると、国有未開地処分の面積はしだいに減少して、北海道の開拓時代が終盤に近づく。

〔明治四三年度以降の国有未開地処分の実績〕

（年　度）	（特定地貸付処分）	（農耕地売払処分）	（農耕地以外の売払面積）
明治四三年	二二、八〇九町歩	五三、七〇七町歩	八五、九一三町歩
四四年	三〇、一八四	六〇、二一二	八五、七七九
大正　元年	二八、七三五	四五、五七一	一〇七、一二五
二年	二五、一七二	三〇、二五七	七一、四四一
三年	二三、九八九	二三、四七五	二四、〇八八
四年	二一、〇九八	一八、七六四	二六、八二五
五年	二〇、九四八	一四、五六四	一六、三一九
六年	一九、六三〇	一二、一五三	二〇、六九四
七年	一二、一三九	三〇、四二三	三〇、〇六四
八年	六、〇九三	二三、二三五	二一、三六七
九年	三、九九二	二五、九三二	二五、〇八一
一〇年	三、五六八	二六、七五三	二四、二二三
一一年	六、八四三	一七、五六一	二六、九二六

一二年	六、七六二	一二、七〇五	三四、六六八
一三年	五、一八五	五、五七五	二五、九八六
一四年	六、五五七	六、三八九	二二、九三四
昭和　元年	六、五三三	四、七二六	一八、一六〇

注・北海道資料による。

三　許可移民の制度

《トピック二一》関東大震災等のため移民の直接保護が必要に
—「許可移民制度」が発足

大正初期の第一次大戦の終了後、世界不況が襲来し、従来、輸出作物を栽培していた北海道の農業は、急激な不振衰退に陥った。また、これに伴い移民も漸次、減少傾向をたどるようになった。

一方、各府県にあっては失業者の増加・食糧問題が深刻さを増し、解決策の一つとして再び北海道への移住に頼ろうという機運が高まってきた。また、そのためには、再び移住希望者に直接、保護を与え、移住を奨励する必要と考えられるようになった。

ちょうどその頃、突然、大正一二年（一九二三）八月の関東大震災が起きた。

この非常事態を眼前にして、内務省社会局は、被害者救済を目的とする北海道移住を奨励することに踏み切り、一戸当たり三〇〇円、四五〇戸分の内国殖民保護奨励費（移住補助金）を支出することにした。

奨励金交付の目的は、「罹災者の救済」という社会政策だったが、北海道移民政策としても、国家の直接保護の必要性を認めつつあったので、以降、大正一五年度（一九二六＝昭和元年）に至るまで、社会局から奨励金を受けて北海道庁がその執行に当たった。道庁は募集に応じた移住者の資格を審査したうえで、移住を許可し、特定地を貸付け、補助金を交付した。

これが、いわゆる「許可移民制度」の起源で、補助を受けない「普通移民」と区別して、「許可移民」、「補助移民」と呼称した。

その後、翌昭和二年以降は、第二期拓殖計画の事業中に編入され、補助も拡張されて、一戸当たり移住補助金三〇〇円のほか、住宅補助金五〇円が付加され、補助対象戸数も増えている。

〔全道における許可移民の成績（移住者）〕

大正一二年	三〇〇戸	昭和　三年	一、一一八戸
一三年	二六七戸	四年	一、二一三戸
一四年	四三五戸	五年	七四八戸
昭和　元年	四四三戸	六年	一、一七七戸
二年	一、一三二戸	七年	六二〇戸

注・北海道資料による。

四　移民招致のための体制整備

第一期拓殖計画における移民施設については、最初は従来同様、「間接助長」の方針を踏襲し、

①　移民取扱事務所を函館、小樽、室蘭の三カ所に常設。また移住者の多い期間、臨時に青森、神戸、伏木の三カ所にこれを設置し、吏員を派遣して移住者の指導等に当たらせ

る。

②移民取扱事務の嘱託員を府県の要衝に配置し、移住者に北海道の実情、未開地出願手続きなどを説明。また旅行上の不安をなくするため、枢要な地や移住者の乗降がとくに多い鉄道各駅の駅長及び青森〜函館間、青森〜室蘭間の各連絡船の事務長にこれを嘱託し、便宜を図る。

③移住者の渡航・旅行の利便を図る目的で、府県に組織した組合または団体に対し、その事業を助長させるため相当の手当てを支給。あるいは府県移住者の総代理人に旅費を補給。

④移住者三〇〇人以上、一時に乗船渡航するときは、乗船地の府県庁より移住者保護のため、着船地まで警察官を付き添い派遣させ、その旅費を支給。

⑤北海道は府県と気候風土を異にし、土地開墾も趣（おもむき）を異にするものがあるので、移住者に対し実地に指導するため吏員を各植民地に派遣し、その地方に最も適応する開墾・耕作の方法、屋舎の位置建設、衛生に関する事項などを指導する。

⑥印刷物をもって北海道の実情を紹介し、あるいは移住・開墾に関する諸般の事項を随時、印刷刊行して利便に資し、または府県市町村に毎年頒布するほか、拓殖に関する法

規その他、必須の印刷物を刊行して、移住者の招来を図る。
⑦　移住者の多い府県の出身者で、模範となるべき移住成功者をその郷里に派遣して、移住の勧誘に資する。
など、移住者の趨勢（すうせい）に応じて、施設の種量などを増減変更する方策を講じた。

その後、大正六年度（一九一七）になると、移民の募集にのみ主力を置くことは適切でないと判断。むしろ、渡道した移民の保護に力を入れ、彼らの起業を助成し、その結果により移民渡来の趨勢を喚起する方針に改めた。

このため、従来、各府県に配置した移民取扱事務嘱託は、移住者の行旅沿道における主要な地だけに配置することにして縮少し、一方で、移民の入地した新開部落で医薬に乏しい僻地（へきち）には医師を配置し、補助を与えて移民の医療に従事させた。

また、小学校が遠く、児童の就学困難な新開地であって、これを管轄する町村の財政上、校舎を建設することができない箇所には、建築費及び教員の俸給等を補助して移民の子弟に義務教育を授けるなどの途を講じた。

さらに大正一二年（一九二三）度からは、前述のように内務省社会局施設の「許可移民」

を取扱い、直接保護を加味するとともに北海道拓殖の実態を府県に紹介して、移民の招致に尽くした。

また、渡道者に対して土地の選定・出願手続き・小作地・その他職業の紹介などを行うため、道内枢要の地一四カ所及び東京、青森における移住案内所内に、移住世話所を設置した。

その他、北海道の移民に関する施設、開墾の実情、産業、風景、運輸交通、神社・寺院・その他の社会的施設を実写した活動写真をもって、各府県の巡回宣伝を行うとともに、各種印刷物を配布し北海道の事情を紹介して、直接間接に移住心を喚起する方策を講じた。

大正一五年度（昭和元年　一九二六）に至ると、移住者の入地当初における一時の雨露を凌（しの）がせるため共同居小屋を建設し、水利不便の地にあっては、共同井戸を掘って生計上の不安がないように配慮された。

以上は、直接移住者を対象としての施設だが、産業奨励施設も見逃せない。この施設は、大正一二年頃から拓殖計画と相まって整備され、すでに入地した移住者はもとより、新来移住者の招致のうえでも、直接間接に多くの利益を与えた。

主な例をあげると、優良種子の配付、新開地における農業経営または農産物の品評会、甜菜糖業の奨励、肥料共同購入補助、病虫害駆除予防補助、畜牛馬奨励などである。

五　移民招致の実績

第一期拓殖計画時代の移住民の推移をみると、最も盛んだったのは、第一次大戦による欧州戦乱の影響で好況を呈した大正六〜八年（一九一七〜一九）頃だった。この頃は、移住取扱事務所経由の移住者だけでも一万五、〇〇〇〜二万四、〇〇〇戸に達し、一般来住統計でも二万四、〇〇〇〜二万五、〇〇〇戸を数えた。

しかし、戦後の反動で不況に陥り、北海道の農産物の価格が低落。その一方で府県農家は米価の暴騰により脅威が少なかったこと、都市で各種企業のぼっ興し労働需要が増加したことなどのため、移住者は年々減少した。

また、在住者も、大正九年（一九二〇）後の農産物価格暴落に悲観して帰郷したり、教育衛生・社会的施設が十分でないという理由での退道者の増加をみたりした。

大正末期に至ると、移住の状況は回復の兆（きざ）しが認められた。また、かつては好況に乗じて漫然と来道する者が多く、就業半ばで帰郷・転業する者などもいたが、北海道の実情の紹介宣伝などの結果、しだいに移住者の渡道を見るようになった。

なお、本計画の末年である昭和元年（一九二六）末の全道人口は、二四三万七、〇〇〇余人で、当初計画三二七万六、〇〇〇余人に比較すると八三万九、〇〇〇余人の不足である。

しかし、計画初年である明治四三年末の人口一六一万人に比較すると、一七年間に八二万七、〇〇〇人余の増加をみている。

〔全道移住民数の推移〕

（年）	（来住者）	（往住者）	（年）	（来住者）	（往住者）
明治四三年	五八、九〇五人	一三、九二五人	大正　五年	七〇、七八五	一八、六一〇人
四四年	五一、五七七	一二、七二三	六年	七五、五五八	一八、四八〇
大正　元年	六一、一五六	一三、九六三	七年	八三、九二五	一七、四三三
二年	六六、一六三	一六、八三七	八年	九一、四六五	二一、四五五
三年	六二、五一三	一九、五四五	九年	八〇、五三六	二三、五四三
四年	八五、八四一	二一、九八五	一〇年	六七、九七四	二四、二七九

大正一一年	六〇、四一二	二六、五六〇人
一二年	五八、二〇二	二七、八六九
一三年	五六、三一五	四三、八四六
一四年	六〇、一〇四	三三、四五七
昭和　元年	五六、三一二	二八、四八九
二年	五七、八九〇人	二八、七四五
三年	五三、九三一	二八、〇五四
四年	五八、四七一	二七、二一九
昭和　五年	六〇、一二六	二六、二三五人
六年	五五、六三〇	二七、七二二
七年	四九、九〇三	二四、〇九三
八年	四八、四二四	二四、八九八
九年	五五、〇九三	二七、四八九
一〇年	五一、九八四	二九、〇四五
一一年	四八、五一九	二八、六七五

〔全道戸数・人口の推移〕

（年）	（戸　数）	（人　口）
明治四三年末	三〇二、三〇三戸	一、六一〇、五四五人
四四年末	三一一、三二六	一、六六七、五九三
大正　元年末	三一九、三九〇	一、七三九、〇九九
二年末	三三〇、〇一〇	一、八〇三、一八一
三年末	三四〇、〇一四	一、八六九、五八二

四年末	三五二、四六三	一、九一一、一六六
五年末	三六三、二三三	一、九八四、五二八
六年末	三七八、六六二	二、〇八八、四五五
七年末	四〇〇、四一七	二、一七六、三五六
八年末	四一九、三三三	二、二四五、五〇六
九年＊	四四九、八二〇	二、三五九、一八三
一〇年末	四四〇、六五五	二、三四一、一〇〇
一一年末	四四三、四八三	二、三七四、六九九
一二年末	四四八、七一七	二、四〇一、〇五六
一三年末	四五二、三二六	二、四三二、〇八二
一四年＊	四六八、七二九	二、四九八、六七九
昭和　元年末	四五八、四一八	二、四三七、一一〇

注・＊は一〇月一日。いずれも北海道資料による。

第一期拓殖計画（明治四三年度〜大正期〜昭和元年度までの一七カ年計画）は、概ね予定事業を遂行、北海道拓殖上に一大功績を遺したが、これをもって拓殖の完了とはいえない。

これを土地開発のうえで見ると、土地利用区分の最終帰結は一五八万町歩の田畑と九七万町歩の牧畜地を見るべきだったが、第一期計画で達成したのは、田畑七九万町歩、牧畜地五八万町歩で、まだ半ばであった。

《トピック一二》 移民と大きく関わった交通網の発達

移民の入植は、北海道内の交通インフラの発達に左右される面が大きいが、その代表的な例をあげると次のとおりである。

明治一三年　手宮〜札幌間の鉄道開通
一五年　札幌〜幌内間の鉄道開通
一九年　市来知（三笠市）〜忠別太（旭川）間の上川郡仮道路（上川道路）開通
二四年　旭川〜網走間道路（北見道路）開通　炭鉱鉄道の岩見沢〜砂川〜歌志内間開通
二五年　野上〜湧別道路（基線道路）間開通　炭鉱鉄道の砂川〜空知太間開通
二六年　日本郵船青森〜函館〜室蘭間定期航路開設

三一年　空知太〜旭川間、旭川〜永山間の鉄道開通
三二年　小樽〜網走間の定期航路開始
三六年　旭川〜名寄間鉄道開通
三七年　小樽〜函館間の鉄道開通
四〇年　旭川〜帯広〜釧路間の鉄道開通
四一年　青森〜函館間航路に連絡船就航
四四年　池田〜網走間の鉄道開通
大正　元年　野付牛（北見）〜網走間の鉄道開通
　三年　留辺蘂〜下生田原（安国）間の鉄道開通
　四年　下生田原〜社名渕（開盛）間の鉄道開通
　五年　社名渕〜湧別間の鉄道開通

なお、明治三一年以前は、屯田兵を含め、ほとんどが海路をとって、不定期船で北海道の内陸などへやって来ており、当時の便船には「土佐丸」、「武州丸」、「東都丸」などが使われた。

《トピック二三》 十勝岳爆発で存亡の危機に立たされた上富良野村

空知郡上富良野村（現上富良野町）は、過去に存亡の危機を味わった稀な地域だ。

最初の開拓は明治三〇年（一八九七）四月、三重県人が入植したことに始まり、七月には富良野村ができて、村勢も発展を遂げた。

しかし、大正一五年（一九二六）五月、上富良野村（この頃は、旧富良野村から下富良野村と中富良野村が分村独立したので、「上富良野村」と改称していた）の存亡にかかわる大災害に遭遇する。近くの十勝岳が大爆発（噴火）を起こしたのだ。

噴火は岩屑なだれや泥流を引き起こして一四四人もの犠牲者を出し、市街地、農地、家畜などに壊滅的な被害を与えた。作家三浦綾子は、小説『泥流地帯』の中でこのときの惨状を、「大音響を山にこだましながら、見る間に山津波は眼下に押し迫り…丈余の泥流が釜の中の湯のように沸り、躍り、狂い、山裾を根こそぎ抉る」と描写する。

広く大地を覆った泥流は深く、しかも農業に支障をきたす多くの硫黄や硫酸分を含んでいた。泥土や大木の除去にも莫大な経費がかかる。このため、村の復興を巡る議論は放棄論（他の土地への移住論）と復興論の真っ二つに分かれ、混迷を極めた。

しかし、吉田貞次郎村長（三重団体出身）らは、固い決意をもって村の存続と復興に向け、議論をまとめた。

吉田村長は、先頭に立って関係機関などに強力に働きかけた。その結果、まず道路・河川・橋梁などの公共施設は、国や道などの支援を得て、大正一五年一〇月から昭和二年（一九二七）一二月末までの間に、かなりの復旧を遂げた。

一方、泥流を被（かぶ）った耕地、とくに水田の復旧については、監督官庁の指導で昭和二年三月、「上富良野村耕地整理組合」が設立され、国などの支援を受けて推進に当たった。

六月頃から着手された復旧工事は多難を極めたが、流木の除去から始まり、泥流の厚さによって、

①運搬客土（復旧地付近の山などから客土用の土を確保し、これを軽便軌道で運搬し客土する方法）、

②転倒客土（泥流の下に埋まっている土を抜き取り散布する方法）、

③泥土除去

という方法を組み合わせたりして、これを解決した。

この間、住民は血の汗を流すような苦労を味わった。

いわば開拓民は、〝二度の開拓〟を経験したわけだが、昭和八年（一九三三）頃には田んぼで蛙の声が聞こえ、反当たり五俵以上の収穫が見込めるほどになり、復旧事業の成果が見えて来たのだった。

第六章　第二期拓殖計画時代の移民（昭和二〜二一年頃）

一　第二期拓殖計画の立案へ―一九七万人の移住、人口六〇〇万人を狙う

昭和二年四月、第一期拓殖計画に引き続き、昭和二〜二一年度（一九二七〜四六）に至る二〇カ年に九億六、〇〇〇万円の国費を投じて拓殖上の諸施設を整備すべく、第二期拓殖計画が立案・実施された。

第二期拓殖計画では、農耕適地約一五八万町歩の墾成と総人口六〇〇万人（詳しくは六〇三万五、三〇七人）の達成を、主な目標としていた。

人口過剰の全国的な社会矛盾をの解決を、北海道開拓に求めたのだ。うち、六〇〇万人の構成としては、次のとおり。

現住人口（大正一三年末）　二四三万一、〇八二人

増加人口　三六〇万四、二二五人

うち、移住人口　　　一九七万〇、三六六人
　　増加人口　　　一六三万五、三〇七人（人口増加率を千分の二〇とみた）
合　計　　　　　　六〇三万五、三〇七人
これを農業者、商工業者その他に区分すると、次のとおりとされている。
①　農業者　　　　二四一万四、一二三人
内訳（現住人口）九六万一、八三六人　（移住人口）　七二万六、一五七人
　　（増殖人口）七二万六、一二七人
②　商工業その他　三六二万一、一八四人
　　（現住人口）一四六万九、二四六人　（移住人口）一二四万四、二〇九人
　　（増殖人口）九〇万七、七三二人
　　　　　　　　　　　　合計　六〇三万五、三〇七人

二　農業移民七二万人達成―許可移民制度の補強・拡大をはかる

第二期拓殖計画では、昭和二年から二〇年間に一九七万人の移住者を北海道に招致する

ことになっていたが、このうちとくに考慮されたのは、農業移民の一二万九千戸・七二万人であった。

左表のように、初年度の二、八五五戸・一万五千人から逐年増加していき、最終的には一万二六四戸・五万七千人を移住させる計画であった。

〔農業移民移住予定表〕

（年　度）	（農家戸数）	（農業人口）
昭和　二年度	二、八五五戸	一五、九八八人
三年度	三、〇三九	一七、〇一八
四年度	三、二三四	一八、一一〇
五年度	三、四二二	一九、二七五
六年度	四、四六四	二〇、五一八
七年度	四、〇〇九	二二、四五〇
八年度	四、三八一	二四、五三九
九年度	四、七八六	二六、八〇二
一〇年度	五、二二六	二九、二六六

一一年度	五、八三一	三二、六四五
一二年度	六、三六四	三五、六三九
一三年度	六、九四七	三八、九〇二
一四年度	七、二九五	四〇、八五二
一五年度	七、六五九	四二、八九一
一六年度	八、〇四二	四五、〇三五
一七年度	八、四四九	四七、二九二
一八年度	八、八六七	四九、六五五
一九年度	九、三一〇	五二、一三六
二〇年度	九、七七六	五四、七四六
二一年度	一〇、二六四	五七、四七九
計	一二九、六七一	七二六、一五七

これらの移民をいかに招致させるか、という点については、ほぼ二種類に分けてそれぞれ計画されていた。

（一）普通移民（自由移民）

汽車汽船の割引、土地の取得、公課の減免、社会的施設、交通施設の充実をはかり、その他種々の便宜を与えて移住を奨励した。

（二）許可移民制度の継承と「北海道自作農移住補助規程」の制定

許可移民の制度は、前述したように、大正一二年（一九二三）に内務省社会局が関東大震災（同年ぼっ発）による被害者の救済と、わが国の人口・食糧問題の解決の方策として、一戸に対し三〇〇円の移住奨励金を交付し、北海道移住を奨励したのが始まりであった。

その後、大正一五年（一九二六）まで継続したのだが、その成績が良好だったことから、第二期計画においてもこれを継承することとなり、経費を北海道拓殖費中に計上、年々一、二〇〇〜二、八〇〇戸を募集するという計画を立てた。

奨励金額も、従来の一戸当たり三〇〇円のほかに、住宅補助金五〇円を加えて直接保護の程度を厚くした。移住地も特定地を選定して、これに配当している。

この許可移民制度は、第二期拓殖計画の一特長をなし、昭和四年三月、庁令第一四号をもって「北海道自作農移住補助規程」を公布（施行は昭和四年四月一日）して、その実施に当たった。

その要旨であるが、まず移住補助金の交付を受け得ることができる者は、次のとおり。

① 「北海道国有未開地処分法」により、特定地の貸付を受ける者

② 「民有未墾地開発資金貸付規程」により、民有未墾地を買い入れた者

通常、移住補助の許可を受けた後に渡道することを原則としていたが、補助の許可を受けずに移住した者でも、移住割引証その他により、移住後六カ月に満たないことを証明し得るときは、当分、補助出願できることとされている。

移住補助としては三〇〇円、住宅補助としては五〇円を交付するが、土地の状況や家族の員数により、これを増減することができる。

その他、補助規程又は許可の指令条件に違反したとき、移住後五カ年以内に貸付地もしくは買い入れ地の自作農とならなかった場合、不正の方法により補助の許可を受け、もしくは補助金の交付を受けたときは、補助金の一部もしくは全部の返還を命ずること等が、その主な内容である。

（三）許可移民の募集

前年において特定地たる移住地を定め、官報及び新聞に広告することとした。希望者は所定の期日までに募集地内の希望地を選択し、各自居住の府県庁に願書を提出する。府県庁は身元調査の上、意見を付して北海道庁に回送。道庁は出願者中、移住資金三〇〇円以上、家族二人以上その他の条件を考慮して開拓の適任者を選定し、一二月までにこれを許可し、翌年三月までに指定の土地に入地させることとした。

（四）許可移民制度の特徴

許可移民の特徴は、

① 移住許可前に予め資金、家族数、農業経験その他の身元調査をするから、移民として適当でない者の来住を未然に防ぐことができる。

② 許可移民は、道庁の募集地内の希望地を選択出願し、許可を受けた後は各自の配当地は予め決定しているから、移住後は直ちに開墾に着手できるため、その間、無駄な日時

を要しない。

③　許可移民は、移住奨励金を交付せられるから、移住資金の不足のため移住し得なかった者にその目的を達せさせ、あるいは移住後、起業資金の不足に陥(おちい)るような者にこれを補充し、移住当初の目的を貫徹せしめることができる。

ことなどで、普通移民に比較してよくその起業を助成できるため、欧州大戦以後、北海道の農業界も大不況となり移民の渡道数も激減したにかかわらず、許可移民は年々増加した。

応募数は、許可数の二、三倍に達する状態だった。

なお、拓殖計画においては、一二万九、〇〇〇戸の農業移民中、四万四、〇〇〇戸の許可移民を予定し、補助金一、五五二万円を計上している。ただ、その後、拓殖費財源等の関係で、実施計画はこれを減じている。

〔毎年度の招致予定戸数〕

（年度）	（戸数）	（補助金）		
		移住補助	住宅補助	計
昭和二年度	一、二〇〇戸	三六〇、〇〇〇円	六〇、〇〇〇円	四二〇、〇〇〇円

三年度	一、四五〇	四三五、〇〇〇	七二、五〇〇	五〇七、五〇〇
四年度	一、四五〇	四三五、〇〇〇	七二、五〇〇	五〇七、五〇〇
五年度	一、四五〇	四三五、〇〇〇	七二、五〇〇	五〇七、五〇〇
六年度	一、四五〇	四三五、〇〇〇	七二、五〇〇	五〇七、五〇〇
七年度	一、九五〇	五八五、〇〇〇	九七、五〇〇	六八二、五〇〇
八年度	一、九五〇	五八五、〇〇〇	九七、五〇〇	六八二、五〇〇
九年度	一、九五〇	五八五、〇〇〇	九七、五〇〇	六八二、五〇〇
一〇年度	一、九五〇	五八五、〇〇〇	九七、五〇〇	六八二、五〇〇
一一年度	二、〇〇〇	六〇〇、〇〇〇	一〇〇、〇〇〇	七〇〇、〇〇〇
一二年度	二、七〇〇	八一〇、〇〇〇	一三五、〇〇〇	九四五、〇〇〇
一三年度	二、七〇〇	八一〇、〇〇〇	一三五、〇〇〇	九四五、〇〇〇
一四年度	二、七〇〇	八一〇、〇〇〇	一三五、〇〇〇	九四五、〇〇〇
一五年度	二、七〇〇	八一〇、〇〇〇	一三五、〇〇〇	九四五、〇〇〇
一六年度	二、七〇〇	八一〇、〇〇〇	一三五、〇〇〇	九四五、〇〇〇
一七年度	二、八〇〇	八四〇、〇〇〇	一四〇、〇〇〇	九八〇、〇〇〇

一八年度	二、八〇〇戸	八四〇、〇〇〇円	一四〇、〇〇〇円	九八〇、〇〇〇円
一九年度	二、八〇〇	八四〇、〇〇〇	一四〇、〇〇〇	九八〇、〇〇〇
二〇年度	二、八〇〇	八四〇、〇〇〇	一四〇、〇〇〇	九八〇、〇〇〇
二一年度	二、八五八	八五七、〇〇〇	一四二、九〇〇	一、〇〇〇、三〇〇
計	四四、三五八	一三、三〇七、四〇〇	二、二一七、九〇〇	一五、五二五、三〇〇

〔毎年度の許可移民成績表〕

（年度）	（募集数）	（応募数）	（移住数）
大正一二年度	四五〇戸	六三五戸	三〇〇戸
一三年度	四〇〇戸	一、〇七五	二六七
一四年度	五九二	一、五九九	四三五
昭和　元年度	六二二	一、八三八	四四三
二年度	一、三七〇	二、五七五	一、一三一
三年度	一、四五〇	二、六六九	一、一一八
四年度	一、二一三	三、二二一	一、二一三
五年度	七四八	四、一三〇	七四六

六年度	一、一七七	二、六〇九	一、一七七
七年度	八一〇	二、〇六三	六一二
八年度	六八二	一、四一一	五九七
九年度	六九〇	一、〇七八	六〇三
一〇年度	六八〇	八二四	二九二
一一年度	八〇〇	四八五	一八八

〔許可移民成績府県別表〕大正一二年度〜昭和七年度累計

（都府県）	（移住数（戸））	（都府県）	（移住数（戸））
青森	一五六	栃木	一三四
岩手	四二七	群馬	八一
宮城	四九六	埼玉	七八
秋田	二一七	千葉	四六
山形	一九三	東京	一三四
福島	一、四八四	神奈川	六七
茨城	一一九	新潟	一八七

富山	五九戸
石川	七六
福井	三
山梨	二一
長野	一一六
岐阜	二六一
静岡	二八六
愛知	六五
三重	一二六
滋賀	二七
京都	三八
大阪	三八
兵庫	八二
奈良	一九八
和歌山	一八八
鳥取	四九戸
島根	一〇六
岡山	一九八
広島	一七〇
山口	六四
徳島	二九二
香川	二五三
愛媛	一三六
高知	三三四
福岡	二三八
佐賀	四四
長崎	三一
熊本	八〇
大分	一五
宮崎	三七

鹿児島	五	樺太	三
沖縄	―	北海道	三二
朝鮮	一四	その他	一八
台湾	二九	合計	七、四五二戸

注・いずれも北海道の資料による。

三　移民の土地取得の方法―国有未開地の売払い・特定地の貸付け・民有未墾地の斡旋・小作地への入地

許可移民、普通移民のいかんを問わず、移民の最大関心事である「土地取得の方法はどうか」という点について述べる。

第二期拓殖計画では、国有未開地の四〇万町歩と、民有未墾地の四〇万町歩を開発することを目指しており、移民の立脚地についてもこの二つにあった。

国有未開地は、主として「売払い」と「特定地貸付」の二つの方法により処分する。

（一）国有未開地売払いの面積制限を縮小

「国有未開地の売払い」は、農業、牧畜、植樹などの事業を経営しようとする者に対し、一定の期間内に選定の事業を遂行べき条件を付し、相当代価をもって土地を売払い、一定期間内に起業が成功しなければ、所有権を没収する制度である。

売払地は特定地と異なり、管理人をおいて経営するか、小作者をして開墾させるか、自ら耕作するかは、起業者の任意である。

処分面積は、昭和二年八月、勅令第二六三号をもって国有未開地処分法施行規則を改正し、当初の制限を縮小して、一人につき、耕作地は二〇〇町歩、牧畜及び植樹地は各五〇〇町歩、その他の目的地は一〇〇町歩まで（会社、組合、その他共同して事業を経営しようとする者に対しては、その資産、人員に応じ、その面積を五倍まで累加することができる）とした。

売払いの方法は、二〇〇町歩以内であれば、特売を認め、道庁へ出願させて許可するが、二〇〇町歩以上であれば、競売によった。

・耕作に供する土地　五〇〇町歩　→　二〇〇町歩
・牧畜に供する土地　八〇〇町歩　→　五〇〇町歩

・植樹に供する土地　八〇〇町歩　→　五〇〇町歩
・特定地　一〇町歩　→　一〇町歩（昭和八年六月、特殊の経営の場合、一五町歩ないし二〇町歩と改正）
・その他の目的に供する土地　一〇町歩　→　一〇町歩

（二）特定地の貸付け

「特定地」については、先に触れたが、許可移民制度、民有未墾地開発事業などとともに、第二期拓殖計画の特色をなしているので、改めてここで述べておきたい。

特定地はもっぱら、自作農を目的とする移住者の収容地に充て、無償で貸付し、成功ののちにこれを付与する。

特定地は一戸一〇町歩以内と定められていたが、処分地が漸次、経済的、自然的条件が比較的劣った地方に移り、特殊の経営を要するため、昭和八年（一九三三）六月、勅令を改正して、釧路及び根室支庁管轄区域は二〇町歩、その他の支庁管轄区域は一五町歩までと、面積を拡張した。

〔特定地の貸付けを出願し得る資格〕

戸主または成年者であって、主として

① 耕作の目的をもって新たに移住し、その証拠書類を携帯する者

② 道内において分家する者

③ 耕作の目的をもって移住し、まだ所有地貸付地もしくは小作地を得ざる者

などで、特定地受貸付者は大部分、許可移民である。

貸付け後、付与を受けるには、貸付け許可の翌月より六カ月以内に、その土地または付近に移住し、事業成功に至るまで、引き続き居住することを要件としている。

また、その成功期間は、貸付けの翌年より起算して五年以内であり、その間、貸付地積内の可耕地の多少によって差があるが、六割ないし八割以上を開墾するよう規定され、二割ないし四割以内は防風林、風致林、薪炭林、放牧地として存置することができた。

〔第二期拓殖計画樹立の昭和二年度以降における国有未開地処分の成績〕

（年度）	（特定地貸付処分）筆数	面積（町歩）	（農耕地売払い処分）筆数	面積（町歩）	（農耕地以外の売払面積（町歩））
昭和二	九六五（四四三）	八、〇一九	六一八	二、四五三	一四、三七七
三	一、五五一（一、一三一）	一三、四四四	一、〇二一	五、五五七	一七、六二一
四	一、五〇二（一、一一八）	一三、七五九	一、〇九七	六、三九〇	二四、一一七
五	一、五八五（一、二一三）	一四、〇六三	一、二八二	六、〇八三	一五、八五三
六	一、〇七五（七四八）	九、三四〇	一、一八四	五、二一七	一三、七四七
七	五八一（一、一七七）	四、八一四	九〇一	四、六〇七	一三、〇六〇

注・北海道資料。カッコ内は、許可移民入地数（許可移民に対しては、許可の翌年度に特定地を貸付する）。

右の表によれば、特定地の貸付処分において、減少したのは昭和六、七年の凶作、水害に起因するものである。

なお、特定地処分と、農耕地売払い処分とを比較すると、処分筆数並びに面積とも、特定地処分の方が多く、従来とまったく反対の状況である。

これは、従来の土地処分の方針は資本家を主とし、その後は移住者を主として行われていることを証するものと思われる。

（三）民有未墾地の斡旋（あっせん）―開発資金を低利・長期償還で貸付け

移民に対する土地処分は、従来は前述の国有未開地売払い及び特定地貸付けの二者に限られていた。

しかし、昭和二年以降は、あらたに「民有未墾地」の買い入れ斡旋をも行うこととなった。「民有未墾地開発事業」である。

北海道における民有地は、大正末期において三〇〇万町歩を超えていたが、既成の耕地はわずか八〇万町歩に過ぎず、植樹放牧地百万町歩を除き、未利用地は実に一二〇万町歩もあった。

内、四〇万町歩は農耕地として利用可能な土地であったが、その多くは不在地主の占有にあって空しく放置されたりしていた。また、起業中のものでも、地主自ら資金を投じて大農経営をする者は稀で、ほとんどは小作者の希望に任せて、開墾耕作に当たらせていたに過ぎなかった。

しかし、これらの小作者は、愛土心に乏しく、地力の維持増進に意を用いず、一般にその利用は粗放に流れがちで、生産力を低減し、数年を出ずして経営難に陥り離散等をみた。年々、既懇地が荒廃に帰することも少なくない状況で、北海道拓殖上の癌だとして、その措置については長らく官民の間の問題となっていたが、第二期拓殖計画において、その解決を見るに至った。

未利用地の地主に開放を促し、適当に分割させたうえ、堅実な自作農希望者に買い受けさせて開墾を図ることが、もっとも適切だと考えられた。問題は、

「比較的、資金に乏しい移民または道内先住者の、土地買い入れに要する資金をどうす

るのか」

である。そこで、きわめて低利で長期償還の資金を北海道庁より農家に貸付けすることが、第二期拓殖計画樹立に際し、新規事業として計画された。

具体的には、昭和二年度以降二〇カ年の間に、農耕適地二七万町歩に植樹放牧地一三万町歩を付帯し、「四〇万町歩の未墾地開発」を目的として、土地買収資金約五、〇〇〇万円を自作農希望者に貸付けするべく、昭和二年八月、「民有未墾地開発資金貸付規程」(庁令一二〇号)が公布された。

こうして民有未墾地の売買は、地主と自作農希望者との協定によらせる一方、道庁はその中間に立って、必要な役割を果たすこととした。

具体的には、未墾地の開放促進などを始め、地味、地形、交通関係を考慮して土地価格を審査し、さらには農耕適地のほか植樹放牧適地をも付帯せしめ、農家一戸の経営に適する面積に区画割を施して、堅実と認められる者を人選し土地の買い入れを斡旋した。

土地買い入れ資金は、年利子二分九厘または二分八厘(北海道地方費は大蔵省預金部より年利四分二厘ないし三分五厘で借り入れ、国費北海道拓殖費から一分三厘ないし七厘の補給を受ける)、五カ年以内据え置き、二五カ年賦で均等償還の方法によるものである。

未墾地のことなので、価格も一町歩平均一〇〇円内外で、仮に一〇町歩の代金一、〇〇〇円を借り受けても、毎年の償還金は五六円余で足り、小作料に比較しては著しく低廉で、その負担は極めて軽い。

これを特定地の無償取得に比較し、一見、不利の感があるが、民有未墾地は古い時代の処分地であるから、現在の処分地である特定地に比して、交通が便利で地味気候なども比較的良好であるという利点がある。

資金の豊かな移民は民有未墾地の買い受けを利とし、それ以外の者は特定地の貸付を受けるのが便利であった。

今、本事業の実施以来の成績を記すると、次のとおりである。

〔民有未墾地斡旋事業の成績の推移〕

年度	開発面積（資金貸付面積）	貸付資金（土地代金）	自作農創設戸数	同上中、移住者数
昭和二	六、七九六町	六七九、二一七円	六〇二戸	二戸
三	一二、八六七	一、二三九、三六一	一、〇五八	一六四
四	一八、二七九	一、五〇五、九二一	一、二七五	一二六

五	二〇、五五八町	一、八六四、八五一円	一、三九九戸	一〇五戸
六	一八、七八八	一、六五六、三一八	一、三九二	七二
七	一六、七二二	一、五〇六、八五〇	一、三〇四	三五
八	一八、三一七	一、六九〇、二八三	一、三八〇	六
計	一一二、三四七	一〇、一四二、八〇一	八、四一〇	五一〇

注・北海道資料による。

(四) 小作地への入地

土地処分の方針は、大体において自作農の扶植にあるから、今後の処分地においては、小作農の招致は多くはないだろうけれども、「小作地」に於ける新陳代謝と、毎年造成されてゆく水田は、概ね畑地より変更されるものであった。

畑作時代には一戸農家五町歩ないし一〇町歩を耕作し得るが、水田となれば三町歩くらいを限度とするので、その余の面積は自然、小作農を入れることになり、この水田増加に基づく小作農の増加は、毎年二千戸を超える状況である。

道内先住者の、これに入る者は多いが、内地より新たに移住入地すべき余地も少なくはない。

以上、四種（国有未開地の売払い・特定地の貸付・民有未墾地の斡旋・小作地への入地）の移民立脚地のうち、許可移民の入るべきは特定地の貸付と民有未墾地で、普通移民は四者いずれにも入ることができる。

北海道庁は、その取得について移民のみに対してのみならず、一般普通移民に対しても等しく世話斡旋をして、移民に自家安住の地を得させることにつとめている。

四　飼畜農法・酪農、甜菜糖業の奨励

先に述べたように、第一期拓殖計画の末期には、「産業施設」を加味して北海道の拓殖に新局面を開いたのだが、第二期拓殖計画ではさらに充実を期し、同計画の重大特色をなした。

その結果、先住移民はもとより、新規の移民に対しても好影響を与え、直接間接に生活

の安定、永住土着心の養成に資している。

① 飼畜農法・酪農の採用

北海道の農業は、開拓創業以来、土地の懇成、農民の移植に主力を注ぎ、多年掠奪的な農業経営を持続して来た。その結果、既懇地の地力がますます減耗(げんもう)し、一般作物の品種、収量も著しく減退。農家経済は窮迫(きゅうはく)に陥(おちい)り、見過ごすことのできない状況となった。

このため、第二期拓殖計画においては、北海道の自然要素、農家の実情に適応した飼畜農法をもって農業経営の基礎とし、地力の維持増進や農家収入の増加をはかり、同時に作物の品種を改良し、合理的な耕作方法・農具の改良を促し、能率を高めることを期している。

その主な施設は、①畜牛馬匹奨励 ②酪農奨励であった。

農家をして適当な区域により酪農組合を組織させ、共同製酪所を設立して搾乳利用の途を開かせ、別に製品の調整・販売の機関である製酪組合連合会の事業を助成し、また共同製酪所製品検査は畜産組合連合会をしてこれに当たらせ、経費の一部を補助した。

②　甜菜糖業の奨励

甜菜糖業の前途は、ますます重要な意義を持つようになったので、その助成策として糖業の調査を新たに起こし、種子購入採種圃、肥料共同購入費、病虫害駆除予防費などに対して補助し、組合の指導などを行った。

③　一般農事奨励

種々の農事試験を拡張継続、さらに新たに優良農具共同購入費、普通作物採種圃、亜麻採種圃に対し、それぞれ補助を行った。

五　移民・人口の増加傾向

大正九年（一九二〇）の不況以来、農産物価格の下落などにより農家は窮迫を続け、移民の来住も年々、減少していった。

しかし、昭和二年、第二期拓殖計画が樹立されて産業・交通・移住地の社会的施設の拡充につとめる一方、従来、四五〇戸に過ぎなかった許可移民も、一、二〇〇戸を募集するに至ったため、農業移民は年々、増加傾向を見るに至った。

ただ、たまたま北海道は昭和六〜七年（一九三一〜三二）において、稀有な水害・凶作に遭遇、その状況が府県に知れ渡った結果、内地農民の移住心を減耗（げんもう）させたので、折角、移住を計画していた者すらも、これを中止する有様となって、移住者の数を減少させた。

また、移民招致の基礎をなす拓殖費予算の財源が乏しく、土木・産業施設などが予定のように実施されなかった。

毎年度一、四一〇戸を募集すべき保護移民（許可移民）の数も、昭和二年度同様、一、二〇〇戸に限定させられたことなどが、移民成績が上がらなかった一因のようだ。

ただ、この保護移民一、二〇〇戸の募集に対する出願数は、毎年二、五〇〇〜四、〇〇〇戸もあった。

〔来住者・往住者数の推移〕

（年度）	（来住者）戸数	（来住者）人口	（往住者）戸数	（往住者）人口
昭和元	一二、五〇七戸	五六、三一一人	六、〇七五	二八、四八九人
二	一三、二五七	五七、八九〇	六、〇〇一	二八、七四五

三	一一、四七四	五三、九三一	五、六三〇	二八、〇五四
四	一二、六一七	五八、四七一	五、六三五	二七、二一九
五	一二、八八四	六〇、一二六	五、二三二	二六、二三五
六	一二、〇二二	五五、六三〇	五、八三五	二七、七二二
七	一〇、七八一	四九、九〇三	四、八七一	二四、〇九三
八	一〇、二六五	四八、四二四	四、九四六	二四、八九八
九	一二、三六〇	五五、〇九三	五、三九六	二七、四八九
一〇	一一、一四一	五一、九八四	五、七六五	二九、〇四五
一一	一〇、六五六	四八、五一九	五、四一九	二八、六七五

北海道の人口は、昭和五年（一九三〇）に行われた国勢調査では、二八一万二、三三五人を数え、前回（大正一二年）に比べ、五カ年間に実に三一万三、〇〇〇人の増加を示している。

また、昭和八年（一九三三）一〇月一日の推計人口は二八五万九、五〇一人で、前年末推計の二八〇万五、八五二人に比べ、五万三、六四九人の増加である。

〔全道戸口・人口各年表〕

（年）	（戸　数）	（人　口）
昭和元年末	四五八、四一八戸	二、四三七、一一〇人
二年末	四六四、〇一八	二、四七一、三二一
三年末	四七一、一六三	二、五〇六、八八三
四年末	四八〇、五七三	二、五五五、五〇六
五年一〇月一日	五〇九、七五八	二、八一二、三三五
六年末	四九九、九〇一	二、七四六、〇四二
七年末	五〇六、七六一	二、八〇五、八五一
八年一〇月一日	五一三、五一八	二、八五九、五〇一

注・いずれも北海道資料による。

六　移民保護・奨励のための施設の充実

第二期拓殖計画においては、新開地の道路、鉄道、植民軌道や学校、医師、神社などの設置につとめた。

この計画の特質の一つは、直接保護を相当に加味して、いわゆる保護移民（許可移民）の招致に務めてきたことである。

ただし、開拓使時代は移民に対し、金品の給与をさせて移住を奨励したが、厚い保護は、かえって怠惰に導く弊害があったので、北海道庁の設置とともに、金品貸与のような直接保護は行わなかった。

しかし、その後の社会情勢、拓殖の緊要性等から、間接保護だけに委ねていることができず、大正一二年（一九二三）の関東大震災以降は、再び移住奨励金を交付するなど、直接保護の施設を加味していったのだった。

①　移住奨励施設

ア　北海道事情の紹介宣伝

気候風土が農業に適せず、文化程度も極めて低いところ、という感を抱く者がまだ多かったため、次の方法での紹介宣伝が行われた。

・活動写真の利用
大正一一年以来、北海道の産業文化、移住開墾などのようすを、活動写真を利用して毎年、府県に宣伝会や座談会を開催。
・府県庁嘱託員・府県町村吏員の視察
府県嘱託員及び府県町村吏員中、一町村または一府県一〇戸以上、集団して移住する場合は、これを引率来道した場合に手当てを支給、移民地に視察させ、それぞれ各府県において北海道の実情を紹介。
・移住成功者派遣
北海道に移住し、開墾成功の域に達した篤農家を毎年選抜して、手当てを支給したうえ郷里へ派遣。移住成功談及び北海道事情の紹介などに当たらせた。
・印刷物配布
移住案内、移住関係法規、移住問答、視察便覧などの印刷物を刊行、各府県市町村や一般希望者に配布。
・新聞掲載
許可移民募集広告ならびに国有未開地の売払い、または貸付すべき土地は、全国の主要な新聞に掲載して公示。

イ　渡道船車賃割引

移民の渡道に際し汽車・汽船賃の半額を割引。手荷物の超過量に対しても五割引き、大貨物に対しては二割引きとした。

ウ　移住奨励金の交付

②　世話指導施設

ア　移民取扱事務所

東京（東京事務所内）、青森、函館、小樽、室蘭（胆振支庁内）の五カ所に設置して吏員を常置。主に北海道の事情紹介、移住手続きに関する説明、割引証の下付などに当たらせた。

イ　移住者世話所

移住世話所は大正一二年の創設で、次の二三カ所である。

根室支庁管内（八カ所）　上川支庁管内（二カ所）　釧路支庁管内（四カ所）　留萌支庁管内（二カ所）　十勝支庁管内（一カ所）　宗谷支庁管内（一カ所）

移民取扱事務所併置のもの　五カ所（東京、青森、函館、小樽、室蘭）

注・移民取扱事務所が主として渡航前の紹介指導に当たるのに対し、移住者世話所は渡航後の直接世話指導機関。

ウ　府県庁及び鉄道関係嘱託員

府県庁の吏員に移民事務の取り扱いを委嘱するとともに、青森及び北海道の主要鉄道駅吏員、青函連絡船事務長に対しても同様に嘱託。

昭和八年（一九三三）現在では、府県庁嘱託員五一人、鉄道関係嘱託員三一人。

エ　移住世話嘱託員及び指導農家

新来移民の世話指導機関として、移民の収容地付近の精農家を移住者世話嘱託員とし、もし付近に先住者のいない場合は移転料を支給し、指導農家として一定の箇所に入地居住させ、ともに経営の模範を示して指導に当たらせている（昭和八年度現在では、移住者世話嘱託員九五人、指導農家一二人）。

オ　移民指導及び移民指導嘱託員

新来移民には入地以来、数年間は小屋掛け、開墾より耕種、肥培、収穫などの指導をするほか、有畜農業、水田経営を営めるよう指導するようつとめた。

なお、多数移住者の入地した町村においては、特に該村の農会技術員に移民指導を嘱託し、昭和八年には根釧原野開発五カ年計画により、各移住者世話所に農事及畜産霍各一人の技術員を配置（当時の移民指導嘱託員は三七人）。

カ　共同居小屋並びに移民休泊所

移住地到着後、仮泊すべき共同居小屋として三〇坪内外のものを建築しておき、各自が住宅を建設するまで収容して移民入地の利便を図った。また、移民が渡道する際は途中休養の要を認め、昭和二年度には函館駅前に休泊所を建設し、官費で休泊させた。

③　起業助成施設

ア　公課の免除

・国税

国有未開地の貸付を受けた者は、貸付中はもとより何らの負担も課せられないし、売払いまたは貸付地の付与を受けた土地に対しても、事業成功期間満了の翌年から起算して一〇年後でなければ、地租が賦課（ふか）されない（「北海道国有未開地処分法」第一九条）。

なお、土地の売払いまたは付与を受けた者が、六カ月以内に登記するときは、登録税を免除される（同法第二〇条）。

・**地方税**

段別割－未開地処分法により、地租を賦課しない土地に対しては、民有に帰した翌年から、二年間は段別割を賦課することはできない（「北海道地方費法」第三条）。

なお、賃貸価格一五円未満の家屋に対しては家屋税を課せないから、一般に移住者の家屋は家屋税を免除される。

・**町村税**

戸数割－移住の日から三年間、免除されるが、町村税段別割は極く僅少だが賦課される。

イ　開墾費の助成

資力の薄弱な移民、及び先住小農の畑地開墾に対し、開墾費の補助を与え、起業の助成を図るため、大正一五年（一九二六）六月、「開墾補助規程」（庁令第六四号）を公布。その後、数次の改正を経ている。

ウ　農具の貸付

道庁では大正四年以来、根釧原野を始め各地原野における新来移民の農事実行組合に対し、プラウ、デスクハロー、中耕除草機、馬車など主に開墾耕作用の農具を貸し付けて開墾事業の達成を図り、昭和九年からは、さらに調製農具である発動機、製粉機、製米麦機、脱穀機などを貸与して、共同使用に供した。

エ　牛馬購入補助

移住後、三年間以内の移住者で、耕馬・牝牛を購入する者には、購入後の二分の一、四年以降の者に対しては、三分の一など。

オ　特殊起業助成施設

移民に対する起業助成施設は、前述のものにとどまらず、種々、保護を与えている。〜水田造成補助、客土補助、土地改良補助、酪農奨励・甜菜糖業奨励・桑園補助など。

④　交通施設

ア　殖民軌道の敷設

移民収容地の物資輸送を円滑に行い輸送費の軽減を図るため、簡易軌道を敷設し、数カ所の停留場を設けて電話を架設し、貨車を配備し、一定制限下の運賃を徴取して一般に開放。本施設は、大正一三年度に根室国厚床から中標津に至る三〇マイルを敷設したのが初めで、昭和八年（一九三三）度末までに二〇線二四七マイルの完成を見た。
第二期拓殖計画においては、昭和二年度以降二〇カ年間に、新たに四三線五〇〇マイル、さらに付帯事業として農産物の集積する軌道沿線の市街地に、倉庫七六棟の建設を予定し、総経費一、六七七万余円を計上している。

〔参考〕昭和八年度末における敷設マイル数

・根室　根室線　五〇、七五七マイル
・同　西別線　一〇、〇〇〇マイル
・北見　枝幸線　二一、八六九マイル
・十勝　居邊線　一一、七〇二マイル
・根室　標茶線　二三、八九九マイル
・釧路　弟子屈線　一三、六八九マイル
・天塩　幌延線　八、五八七マイル
など　計二四七、四四五マイル

イ　殖民道路・刈分道路の建設

通常の地方費道、町村道のみでは不十分なので、植民道路及び刈分（かりわけ）道路によって補った。殖民道路は、鉄道・殖民軌道と移民収容地を連絡したりする開鑿（かいさく）道路で、国費をもって一〇カ年間、維持修繕に当たる。この道路の開鑿のない奥地・移民収容地内には、縦（じゅう）横（おう）に交差して刈分道路を設けた。

⑤　社会的施設

ア　教育施設等の補助

大正六年（一九一七）以降、拓殖費中より小学校・特別教授場の設置に対し、建築費・俸給費を補助してきたが、その後、昭和四年（一九二九）三月庁令による拓殖費教育補助規程が施行され、補助の金額を改正して教員俸給補助・校舎建築費補助とも九割以内とするなどした。

イ　衛生施設の整備

・拓殖医の配置及び巡回医師

大正六年より、各移住地に拓殖医を配置し、移住者に対しては診察料、薬価を割引。その後、配置数を増加し、根室では標津村六カ所、別海村では七カ所の拓殖医を配置し、ほとんど完備した。拓殖医の配置されない地方には、道庁から直接、巡回医師を派遣して出張診察に当たらせている。

・**拓殖産婆**

昭和二年度以降、移住者の入植した地方に、拓殖産婆(さんば)を配置し、僅少の費用で助産させることにした。

ウ　宗教施設

昭和二年度以降、国費をもって神社の建設費に対しては一棟三〇〇円以内、布教所に対しては一棟一五〇〇円以内を補助するなどして、助成を図った。

⑥　拓殖実習場

ア　設立の趣旨・目的

昭和六年に拓殖実習場を設け、道内外を問わず、志のある堅実有為の青壮年を実習生として収容。北海道に合った経営方法、生活様式などを体得させ、開拓精神の養成を期した。

イ　設置個所及び名称

・北海道拓殖実習場十勝実習場　面積九三五町歩　広尾郡大樹村　昭和七年度開設

・同　　北見実習場　面積八一〇町歩　常呂郡置戸村　昭和八年度開設

・同　　　　　　　　釧路実習場　面積一〇〇八町歩　河上郡弟子屈村　昭和九年度開設

ウ　実習生と教育

実習生の資格は満一七歳以上、三〇歳未満の男子。修業年限は毎年一〜一二月までの一カ年を原則とし、本人の希望でさらに一年延長。実習場ごとの実習生は一〇〇人ほどを定員とした。

エ　実績

昭和七年度（一九三二）、十勝実習場は約五〇人を収容。一カ年の実習のあと、国有未開地の貸付を受けて新開地に入地。自ら第一線に立ち起業に着手した者二三人（うち、二〇人は拓北部落を組織）、二年目実習生として場に残った者一一人、助手・定夫となったもの五人で、その他の一〇人は、あるいは実家に帰って農業に従事し、あるいは入営中の者である。

翌八年度は北見実習場を新設。十勝実習場約一〇〇人、北見実習場約五〇人の実習生を入場許可。

七　その後の変化と第二期拓殖計画の実績
―凶作不況・戦時体制の強化などで計画どおりに実施できず

第二期拓殖計画は、昭和二年からスタートしたが、計画が過大で、計画期間中に不況や第二次大戦のぼっ発があったりして、到底、計画どおりにはいかなかった。

《トピック二四》　過大だった人口六〇〇〇万人の目標

結果論だが、第二期拓殖計画の開始時期（昭和二年）の北海道人口が約二五〇万人で、二〇年後の目標が約六〇〇〇万人であったことを考えれば、この計画は過大に過ぎた。目標年次・昭和二一年（一九四六）の人口実績は、三四八万八千人であったのだ。

原因は、主に凶作、不況、戦時体制の強化などによるものとされている。

ちなみに昭和二年は、大正一二年に発生した関東大震災による震災手形の処理に発した金融恐慌が始まり、昭和恐慌に突入していく年であった。また、昭和六～一〇年は凶作が続き、産業全般に影響を与えた。

第二期拓殖計画では、大正一二年（一九二三）以来、補助金を与える許可移民事業が補強・拡大され、土地貸付けは従来の五町歩から一〇町歩に引き上げられた。移民が農業経験のない都市貧民層に、入植地が根釧（こんせん）原野など自然条件がより厳しい土地へと移ってきたからだ。

人口は昭和九年（一九三四）に三〇〇万人になったが、過去のペース、八〜九年ごとに五〇万人増加という速度が速まったわけではなく、移民などの社会増よりも出生などの自然増がふえる傾向の中でのことだった。

つまり、北海道の内国植民地としての性格が薄れてきたのだ。

昭和恐慌期には、非農業部門から農業部門に人口が流失して農村が人口の溜（たま）り場となる。それ以降は、道東の農業地域が人口吸収地となっていった。

北海道庁は、昭和八年から根釧原野農業開発五カ年計画を実施。経営は主畜農業とし、一戸当たり経営面積は一五〜二〇町歩で、馬鈴薯・甜菜・牧草を加え八〜九年の輪作を行い、機械の導入も奨励した。

この方法は以後、十勝・網走・宗谷地方の開拓に適用され、北方農業－北海道酪農業の基礎を築いた。

第二期拓殖計画は、鉄道網の整備や漁港修築など一定の成果を見たものの、昭和一〇年（一九三五）、人口目標を四五〇万人にするなど、規模を縮小して改訂された。

第二期拓殖計画の昭和二～九年までの予定額約二億五、〇〇〇万円に対し、支出額は約二億円だった。

（一）「北海道自作農移住者補助規程」・「北海道自作農開拓者補助規程」の制定

「北海道自作農移住補助規程」（昭和四年庁令第一四号）は昭和一一年（一九三六）七月に廃止され、北海道自作農移住者補助規程（庁令第四四号）が公布されて、住宅に対しては標準設計を示して二五〇円の補助金を与え、その他種子、肥料（三年間）、農具など一四三円を標準として現物を与えることに改正された。

さらに、昭和一六年（一九四一）九月には、「北海道自作農開拓者補助規程」（庁令第一二〇号）が定められ、補助を受ける対象を、道外からの移住者に限らず、道内開拓者も含め、また従来の現物給与を廃止して、「特定地」の借受者ないし「自作農創設維持奨励規程により未墾地を買入れる者」で指定住宅を建設する者に対し、一戸当たり四〇〇円の補助金が与えられることとなった。

（二）許可移民、自作農創設事業の実績

許可移民は、入地者数がせいぜい数百戸と少なかったが、第二期拓殖計画では昭和二〜二一年に四万四、三五八戸と計画拡張された。

しかし、実際の計画は縮小し、昭和二〇年までにとどまり、一万三、〇九〇戸である。そして入地者の実績は、異常事態であった昭和二〇年（計画一〇〇〇戸に対し、三、一四六戸の住宅建設費補助だった）を含めても、一万一、三五六戸に過ぎなかった。

民有未墾地については、「民有未墾地開発資金貸付規程」（庁令第一二〇号、昭和二年八月）があったが、昭和一四年（一九三九）三月の「自作農創設維持奨励規程」（庁令第四号）の公布により、廃止された。

本規程は、昭和一三年の「農地調整法」制定を受けてのものだが、民有未墾地関係も、この規程によって施行されることになった。

同法は、未墾地の解放に限って「土地収用法」による強制買収を認めており、北海道にとっては、農地特別処理法の立法趣旨の一部が、戦時体制の中でからくも実現した形となった。

この事業計画は、のちに若干の変更をみたが、昭和二一年度まで続行され、開発予定面積約四〇万六、〇〇〇町歩に対し、実績は未墾地その他合計二〇万町歩であった。

一方、これと並行して行われた農林省所管の自作農創設維持事業の実績をみると、昭和元〜二一年度創設面積のうち、田畑計約一四万二、〇〇〇町歩、宅地その他五、四〇〇町歩、創設戸数二万七、七二四戸、維持面積（自作農地化によって生じた債務の借り換えの対象）合計四、七〇〇町歩、維持戸数九二九戸であった。

しかし、創設事業による増加にもかかわらず、昭和一六年（一九四一）以降、自作地面積全体は、年々減少を続けた。

開墾費の補助については、昭和二〜二一年までには、予定計画二〇万二、六〇〇町歩に対し、実績はそれを超え、二八万三、五六五町歩もあり、その補助費は巨額に達した。開拓農家にとっては、貴重な現金収入だった。

（三）移民保護・奨励事業の実績

一般の移住保護・奨励事業については、大正六年度の第一期拓殖計画改訂に際し、移民の募集より渡道後の移民保護の方に力が注がれるようになったが、大正一二年度以降、及び第二期拓殖計画においても、基本的にはその方針が貫かれた。

①　移民取扱事務所（昭和一一年六月「移住案内所」、同一六年一二月「開拓者案内所」と改称）

大正初めの八カ所が同一一年には四カ所（函館・小樽・室蘭・青森）に減っていたが、大正一二年に東京に新設され五カ所となり、その後、昭和一一年より三カ所、同一六年以降は函館一カ所のみとなった。

② 移住者世話所

大正一二年一〇月の「北海道移住者世話規程」（庁令一四八号）によって、新たに設置。これは「移住者ノ移住前及移住後ニ於ケル日常百般ノ事項ノ仲介斡旋」を業務とするものだった。これまでも移民取扱事務所が扱ってきた小作者招致事務のほか、農牧業労働者雇い入れの斡旋などの業務が加わったことが目立った。

はじめ一四カ所で、東京、青森（各移民取扱事務所内に設置）のほかは、すべて道内にあったが、昭和二年度以降は一八〜二〇カ所に増えた。

昭和一六年一二月、前記移住者世話規程は廃止され、代わりに「北海道自作農開拓者世話所規程」（告示第一六七七号）が告示された。これによって、従来の世話所は、移住者一般の世話から、自作農開拓者の世話、指導、助成へとその業務を絞ったが、昭和一七年度以降は戦時体制の進行にしたがい、世話所は設置されなかった。

③ 府県移民事務嘱託（府県移民取扱嘱託）、**道内移民事務嘱託**（道内移住者世話嘱託）、**開墾指導農家嘱託**（指導農家嘱託）**など**

第一期・第二期拓殖計画の中で設置し、同様、移住成功者の派遣、拓殖医師補助、医師住宅建設費補助、教員俸給補助、校舎建築費補助、移住者共同居小屋建設なども実施された。

さらに、第二期拓殖計画において新設されたものに嘱託医師（巡回医）設置、拓殖産婆補助、神社・布教所建設費補助、移住者休泊所建設・経営、移住者住宅建設及び移住費補助（許可移民制度）、移民農事指導などがあった。

④ 農耕地面積その他

農耕地面積は大正末より昭和の初めに増加し、昭和一二年には九八万町歩に達した。うち水田の増加が顕著で、商品性の高い米の作付面積が第一となり、畑の減少が続く。

水田では小作地が増加し、畑の減少は自作地に多かった。昭和一二年の米産は三三二万石となったが、道産米は朝鮮米より安価で凶作でも米価はあがらず、豊作でも〝豊作貧乏〟となった。

《トピック二五》旧満州国開拓政策の影響

昭和六年（一九三一）の満州事変、翌七年の満州国建設、一二年の日中戦争のぼっ発とともに、軍部・日本資本主義は不況脱出を中国大陸への戦争に求めた。

昭和一一年秋には、北海道初の陸軍特別大演習が行われて昭和天皇が巡幸し、北海道の戦時体制は一段と進展した。そうしたなか、昭和一〇年、道庁では第二期拓殖計画を昭和一一年度から二〇年間、延長する改定案を検討したが、実現できなかった。

また、昭和一五年（一九四〇）、第二次近衛内閣の日満華（南京の汪兆銘政権）三国経済の確立を目指す国策の一環として誕生した北海道総合計画も、翌一六年末の太平洋戦争ぼっ発によって機能せず、拓殖事業は中断した。

その後、北海道農業は、昭和一六年からは供出のための食料農作物の生産が緊要となり、生産意欲を高めるため自作農創設事業などが進められたが、昭和一一年の農業人口約一二〇万人、耕地面積は同一二年の約九八万三、〇〇〇町歩をピークとして、下降線をたどる。

満州国開拓政策により、北海道からも昭和一〇年以降、移民が送り出されるようになり、同一三年には満蒙義勇軍の第一陣も出発した。また、樺太移民政策も本格化した。

こうした情勢もあり、北海道は移民を送り出しながら、一方で移民の受け入れにつとめなければならない事態となった。人口増加率も低下し、約三五〇万人に達したのは昭和二〇年（一九四五）であった。

国策としての拓殖の重点は満州に移り、戦時下の北海道は石炭・金属などの資源供給地とされ、開拓地としての地位は低下していくのだ。

第七章　戦中から戦後にかけての移民（概ね昭和二〇年以降）

「第二期拓殖計画時代」（昭和二～二一年度）は、「戦後緊急開拓時代」（昭和二二～二六年）～「第一期北海道総合開発計画時代」（注・昭和二七～三七年。うち前半は「第一次五カ年計画」、後半は「第二次五カ年計画」の時代）へと続く。その後も、「第二期北海道総合開発計画時代」（昭和三八～四五年）～「第三期北海道総合開発計画時代」（昭和四六～五二年）へと引き継がれていくのだが、この間の昭和二七年からは、北海道開発庁体制がスタートしている。

一　戦時中の都市罹災者対策と黒澤酉蔵（くろさわとりぞう）の提言

昭和二〇年（一九四五）に入り、太平洋戦争は破局に向かって進んだ。三月一〇日の東京大空襲では八～一〇万人が、六月に終わった沖縄戦では二一万人が、それぞれ犠牲になった。全国の約一五〇の都市が焼かれ、死者約一〇万人、負傷者約一〇〇万人を出した。また罹災した人は八〇〇万人以上にのぼった。

政府はこうした事態を受け、都市罹災者の対策に取りかかるが、焼け野原と化した都会には住む家も食糧もなく、多くの戦災・罹災者を抱えている余裕は無かった。

その結果、考えられたのが、都市罹災民を北海道に疎開させ、開拓者として活用する構想だった。

まだ戦時中だった昭和二〇年三月、東京大空襲の直後に、政府は「都市疎開者ノ就農ニ関スル緊急措置要綱」を閣議決定した。

同年三月、民間側からも黒澤酉蔵（茨城県出身。雪印乳業の前身・北海道製酪販売組合や酪農学園の前身・酪農義塾の創立などに尽力した、北海道農業界のリーダー的存在。）による「疎開者戦力化ニ関スル意見書」（いわゆる「救国建白書」）や、北海道関係の貴族院・衆議院両院議員連名による「戦災者戦力化ニ関スル意見書」が提出された。

当時、北海道の農村は応召者が続出して人手不足で、作付できない耕地が一六万㌶にのぼっていた。この解決に援農者として利用できないか、というのが黒澤の頭にあり、折しも罹災者の処置に頭を痛めていた政府が、これに飛びついたのだと思われる。

戦争の激化を前提として、抗戦力の基本となる食糧の増産と都市住民の地方への分散が急務であり、北海道の未開拓の土地、寡少な労働力は、都市戦災者の就農・収容に適切な条件を持つとして、その緊要性を指摘したものだった。

これらを受けて、政府は昭和二〇年五月三一日の次官会議で、「北海道疎開者戦力化実施要領」を決定した。

これは、戦災罹災者・疎開者などから「北海道ノ拓殖農業ニ積極的ニ挺身シ、戦力増強ニ貢献セントスル真摯ナル熱意を有スル者」五万戸・二〇万人を選び、彼らを集団帰農させよう、という計画だった。

具体的には、帰農者に対して主要食糧の配給と一戸当たり一町歩の開墾地を貸与し、北海道農業に習熟した段階で独立農民としての経営を保証するため、一戸当たり一〇～一五町歩の未墾地を無償貸与する方針だった。

北海道庁は、これを受けて「北海道集団帰農者受入要領」を定めるとともに「北海道集団帰農者受入本部」を設置した。

また、趣旨の普及、申込受付、輸送送り出し業務等を任務とした民間協力団体として、「戦災者北海道開拓協会」（理事長・黒澤酉蔵）が設立され、東京に本部、札幌ほか主要都市に支部を置いて、帰農者（入植者）の募集を開始した。

《トピック二六》　拓北農兵隊（拓北農兵団）の入植

募集広告は、この年六〜七月に、東京都・警視庁・北海道庁・戦災者北海道開拓協会の連名により出されたもので、その主旨は、
「移住地までの運賃と家財の輸送は無料。簡易住宅を建設して無償で与える。帰農者には将来一〇〜一五㌶の土地をくれる。農具や種子もただ。食糧は配給し、生活費も補助する」というものだった。

この条件は現地の北海道庁をも困惑させた。入植準備の測量・調査・道路建設などを含め三年はかかる。とても無理だと跳ね返してみたものの、内務省は受け付けなかったようだ。北海道庁は難しいことをわかっていながら、命令に従ったのだろうと思われる。

しかし、条件のうち、鉄道運賃の無償以外、どれもが実施不可能のものだったことを、帰農者たちは現地でたちまち知らされることになる。

これが、この戦時中から戦後に引き続く、いわゆる「北海道戦後開拓」の真相だったようだ。

「来たれ沃土北海道へ　戦災を転じて産業の再編成」などの宣伝文句を前に、人びとは逡巡しながらも、わずかな希望を見出して応募した。彼らは「拓北農兵隊」と名づけられた。

昭和二〇年七月六日、東京都からの第一陣二〇一戸・九六三人（全国では三、四一九戸、うち五〇パーセントは三月一〇日の空襲による被害を受けた東京都出身者だった）が渡道した。「拓北農兵隊」としては、八月末までに神奈川・愛知・大阪などから九次にわたり、一、八〇〇戸・八、九〇〇人が北海道各地に入植した。

終戦後の八月以降も、この移住は続き、二五回にわたり計約三、四〇〇戸・一万七、〇〇〇人が道内各地に入植した。

もともと、「拓北農兵隊」に応募したのは都市労働者が大半で、営農の経験に乏しく、入植先は網走支庁の七〇九戸をはじめ、上川・十勝支庁など全道各地だったが、与えられた土地は、公共用地か労働力不足のために耕作できない既存農家の土地を借りる場合が多かった。

このため既存農家からも白い眼で見られ、また火山灰地や泥炭地が中心だったため、入植後の開墾は困難を極めた。定着率は一〇パーセントないしはそれ以下とみられる。

江別の角山地区も、こうした集団帰農者の入植地だった。詳細は後述するが、東京・世田谷区から三六戸が応募入植し、〝世田谷部落〟と呼ばれたが、割り当てられたのは泥炭地で、入植直後から脱落者が相次ぎ、たちまち半数の一八戸に減ったという。

拓北農兵隊の応募者は農業未経験者が多く、受け入れ地は網走・上川・十勝支庁管内を中心に全道にわたっていたが、先に触れたように火山灰地や泥炭地も多いうえに、十分な受け入れ体制も無かった。

入植後の悲惨な開墾生活については、開高健の小説『ロビンソンの末裔』（後述）に詳しく描かれている。

その後、離農者が相次ぎ、その比率は昭和二二年六月現在で二五・六パーセント、昭和二六年一二月現在では約四六・六パーセントにも達している。

二　戦後復興・緊急開拓の開始

（一）終戦と「緊急開拓事業実施要領」の閣議決定

「拓北農兵隊」の入植が続いていた昭和二〇年の八月一五日、わが国はついに終戦を迎えた。敗戦で植民地を失い、ポツダム宣言により、国土は本州・北海道・九州・四国と周辺の諸小島などに限定された。

それとともに、国内の都市罹災者に加えて、旧満州や樺太・朝鮮・台湾など海外植民地から六六〇万人以上の引揚者・復員軍人などが溢れ、その収容、生活安定と食糧確保・増産という課題がのしかかった。

このため政府は、失業者に就労の機会を与え、食糧自給体制を確立するべく緊急開拓事業を計画した。

一方、北海道庁は昭和二〇年八月、「臨時北海道拓殖本部」を立ち上げ、一〇月には「北海道戦後開拓実施要領」を定めて、内地からの入植者の受け入れ・指導を行うこととした。

注・用地取得は同要領により国有未開地等の無償貸付制がとられ、翌二一年三月～二二年一二月まで行われた。これは国有未開地処分法によるもので、同法はこれをもって使命を終えた。他方、二一年一二月以降は自作農創設特別措置法が施行され、未墾地の取得は本法に基づくことになった。

かつての「拓北農兵隊」は「拓北農民団」と改称され、緊急開拓の一部を担うことになった。

また、政府は一一月に「緊急開拓事業実施要領」を閣議決定した。これが戦後開拓のはじまりである。

これにより、昭和二一～二五年（一九四六～五〇）までの五カ年間に、全国で一〇〇万戸を入植させて、国内の山林・原野など一五五万町歩を開墾し、米に換算して約一、四〇〇万石の増産を計画した。

とりわけ、膨大な国有未開地を抱える北海道が注目され、北海道では二〇万戸の入植者により約七〇万町歩を開墾する計画であった。

注・この目標はいかにも過大であり、のちに計画の修正は避けられなかった。

このような政府の計画を具体化すべく、北海道庁は当時実施中の「北海道戦後開拓実施要領」を発展的に解消して、翌二二年三月、「北海道開拓者集団入植施設計画」を決定、入植者の受け入れ・指導を行うことにした。

これらの計画では、復員者や引き揚げ者が営農の主体とされ、社会政策的な意味合いも強かった。

(二)「開拓事業実施要領」の制定—計画を見直す

次いで昭和二二年（一九四七）一〇月、政府は社会秩序の一定の回復を背景に、緊急開拓実施要領を廃止し、「緊急」の二文字をとった「開拓事業実施要領」を定めた。

これは農家の次男、三男の入植や、地元農家の増反・土地改良に重点を置いたもので、計画は見直され、全体の開拓面積は据え置かれたが、北海道では一〇年間に一一万八、〇〇〇戸を入植させることになった。

すなわち、開拓農民の定住化をはかろうとするもので、それまでの緊急避難的な社会政策から、農業政策の一環として行おうとするものへの転換であった。

＊日本経済が高度成長を遂げる昭和三〇年代になると、戦後開拓によって開かれた開拓地は、その経営基盤の弱さもあって、離農者が相次ぎ、過疎化が進んでいく。そして、昭和四〇年代に入ると、開拓行政を一般農政の中に移行させることになり、戦後開拓事業はほぼ、その幕を下ろすのだ。

三　戦後開拓の実績

（一）悲惨な生活を余儀なくされた開拓民

開拓の対象地は、これまでの国有未開地処分で残されていた国有地や、農地改革で買収された民有未墾地がほとんどだった。つまり、土壌・地質が悪く農業に適さない土地が多く、開拓地の七五㌫近くが市街地から五㌔以上も離れており、そこへたどり着くまでの道路も、ろくに敷かれていなかった。

開拓地の電灯普及率も二五㌫程度という状態（昭和三〇年）で、飲料水に不自由することも多く、しかも、彼らの大半は無資力で、農業経験がまったくない例も多かった。

このように、満足すべき条件はほとんどなかったので、開拓農家の経営状況は劣悪で常に赤字だった。

このようななかで、農家の負債も激増し、北海道の開拓農家の負債残高が平均で一〇〇万円を超える昭和四〇年（一九六五）のわずか六年後（昭和四六年）には、負債が三三一万円余（現在の一、〇〇〇万円以上に相当）に増加した。営農を続ければさらに負債が増える勘定だった。

このため、開墾に見切りをつけ、離農していく者が続出。高度成長期には、大量の労働力を必要としたので、負債整理を大義名分にした離農促進政策も打ち出された。

戦後開拓が始まって、わずか四半世紀の間に、入植者の七割以上が離農した。今、その廃屋だけが点在し、再び原野に戻りつつある所も少なくない。

（二）戦後開拓の終了

戦後開拓は一般に昭和四〇年代、とくに開拓農業協同組合の廃止との関係等で、昭和四八年（一九七三）頃をもって終焉（しゅうえん）を迎えた、とされている。

この間、昭和二〇年から四三年までの二三年間における北海道への入植者総数は、四万五、三六五戸で、最初の計画戸数の二一・七パーセント、変更後の戸数に対しても三八パーセントにとどまっている。

ちなみに、入植者の支庁別内訳をみると、①上川支庁一七・二パーセント、②網走一一・九パーセント、③十勝一一・六パーセント、④根室九・二パーセントとなっていて、道東方面が多かった。

これらの地域は、寒地農業の未確立などの事情で取り残された地域であり、戦後開拓者を受け入れやすかったのだと思われる。

しかし、入地は、既存農家を避けて設定されたので、人里離れた傾斜地が多く、昭和三〇年（一九五五）代末になって、ようやく電気が通じたところも少なくない。

このことが、同三〇年代半ばから始まった日本経済の高度成長のもとで、離農者を増加させる一因となった。そして、前述したように、開拓農民によって組織された開拓農業協同組合は昭和四八年度をもって廃止され、戦後開拓事業が終了した。

ただ、北海道の総人口自体は、昭和二一年に三四八万八、〇〇〇人だったのが、同二六年には四三八万八、〇〇〇人と、九〇万人もの増加をみている。

〔支庁別戦後開拓入植者数〕

（上川）七、八〇六戸、（十勝）五、二五一戸、（網走）五、三七九戸、（根室）四、一九三戸、
（空知）三、九七〇戸、（釧路）三、一八四戸、（石狩）二、九七三戸、（宗谷）二、二九七戸、
（後志）二、二一一戸、（留萌）一、九六七戸、（日高）一、九二六戸、（胆振）一、四五四戸、
（渡島）一、四二一戸、（桧山）一、三七九戸

〔戦後開拓農家の離農状況〕

（年）	（入植累計戸数）	（年度末残存戸数）	（離農累積戸数）	（率）
昭和二一年	一一、八二九戸			
二六年	三三、一四五戸	二三、六一四戸	九、五三一戸	二九、七％
三一年	四二、〇〇九戸	二七、〇三六戸	一四、八七三戸	三五、四％
三六年	四四、八二八戸	二五、五四九戸	一九、二七九戸	四三、〇％
四一年	四五、三五三戸	一八、二八六戸	二七、〇七三戸	五九、七％
四六年	四五、三六五戸	一三、三八〇戸	三一、九八五戸	七〇、五％

注・いずれも『北海道戦後開拓史』（北海道）による。

四　戦後開拓地の入植事例

①　江別町－「英語が話せる世田谷部落の住民」

拓北農兵隊は、入植地域別に「手稲隊」・「琴似隊」・「豊平隊」などと呼ばれていたが、中でも東京・世田谷区から江別町（江別市）に入植した「江別隊」には、商社マン・教師・大学教授などが含まれ、〝インテリ帰農部隊〟として有名だった。

昭和二〇年七月、野幌（のっぽろ）駅に降り立ったときには三二戸だった江別隊の入植者は、土地の配分を受ける段階で二三戸となり、その後も日を追って減り続け、一八戸にまで減少した。それでも残った人びとは、泥炭地と戦いながら、開墾生活を続ける。

入植者のひとり安斎七之介は、元大倉高商（現東京経済大学）教授で英語に堪能（たんのう）だったので、終戦後に江別町を訪れたアメリカ軍兵士と巧みに応対し、「英語が話せる世田谷部落」の住民として一躍有名になったという。

入植から四〇年目を迎えた昭和六〇年（一九八五）、東京都の世田谷区長から「区民功労賞」を贈られたが、このとき表彰を受けたのはわずか一〇人に過ぎなかった。しかし、世田谷区民による入植の足跡は、現在でも江別市角山に「世田谷」の地名として残されている。

② 札幌・駒岡地区―比較的順調だった開拓地

札幌市内の駒岡地区は昭和二〇年に米軍演習地として接収されたが、同二二年に未墾地開拓の許可が出る。

戦後、海外から来た引揚者とか、戦災疎開者が北海道に来たが、その中で満州開拓から転進してきた一六戸と、東京から疎開してきた一八戸が、昭和二二年七月二〇日に駒岡に入植した。

開拓地成功検査は、配当地の六〇パーセント以上の開墾によって認められ、五カ年という期限付きだったので、夜明けから深夜まで働いた。

そうした苦労が実り、全員が成功検査に合格、順調に畑作・稲作を営むようになった。開拓農業協同組合の力も大きかった。リーダーの唐木田真は、戦時中、満州開拓実験農場長であった長野県人で、後年『三百反百姓小倅の足跡』を著わしている。

「真駒内開拓団」として、五部落（真駒内第一団三二戸・第二団三〇戸・第三団三四戸・西

岡一六戸・滝野五〇戸余）、一、六〇〇町歩も、ほとんどが二カ年で入植完了できた。

昭和二四年、小学校を真駒内の「駒」と西岡の「岡」の二字をとって駒岡小学校と命名、その後、地名も「駒岡」と改称。村づくりも一致協力して当たった。

③　標茶（しべちゃ）町―多彩な顔を持つ移民団

戦後開拓地域は道東・道北に多いが、中でも釧路管内の標茶町は、軍馬補充部用地がいちはやく開拓用地に転用が図られたという背景もあり、管内に先駆けて開拓者の受け入れが始まった。

昭和二一〜四一年にかけて戦後開拓者を一、一八九戸受け入れたが、その中には、多彩な顔を持つ移民団が含まれている。

ア　多和（たわ）開拓団（標茶町多和地区）

終戦時に、標茶に駐屯していた北部軍熊九二一八部隊工兵第七連隊の一部の軍人らが、「復員軍人職業補導会標茶畜産部」を組織。昭和二〇年一二月、旧軍馬補充部多和分厩を中心に、活動を開始した。

敗戦に伴い、北部軍獣医部が、復員する軍人の開拓者としての帰農を支援するため、家畜の供給を行う基地として設置されたものだが、畜産部は翌二一年三月頃、ＧＨＱの指示により解散させられた。

そこで、今後どうするかついて議論を重ねた結果、「帰農・共同経営・酪農主体」という結論になり、多和開拓団に転身するという経過をたどった。いわば、元職業軍人の集団入植である。

彼らは最初、共同的な経営方式、いわゆるコルホーズ形式をとったが、昭和二二年頃から個人経営に移行した。復員軍人職業補導会は四カ月、多和開拓団の共同経営は一二カ月で終わった。その後、土地などの配分が行われ、個人経営に移行したのは六家族だけで、他は離農。昭和四〇年代にはすべての人が離農している。

イ　小林部落（同町西熊牛（くまうし）地区）

小林部落は、終戦直前の昭和二〇年六月まで、千島ウルップ島警備隊勲六〇三五部隊（通称「大阪連隊」）に所属していた復員軍人らの入植により、形成が進んだ地域である。復員後の一〇月、大阪出身者が中心となり釧路川の西に広がる標茶町西熊牛地区に入植。この部落は、各開拓地に先駆けて酪農経営、農村電化が図られ、経営・生活環境が早くから整備された活気のある地域だった。昭和二九年には、三つの小部落（協盛・小林・川西）

に分かれている。

なお、当初、入植の中心となったのは千島から帰還した二人の元軍人―小林一男と南彦一で、小林は元水泳選手（昭和二年と六年の日本選手権で優勝。昭和七年のロサンゼルスオリンピック板飛び込みで六位入賞）、南は朝日新聞大阪本社の元社会部記者だった。

ウ　弥栄開拓団（同町上多和地区）

弥栄開拓団は、旧満州と北海道で「二度の開拓」を経験した人たちだ。

昭和七年（一九三二）一〇月、東北一一県の在籍軍人五〇〇人によって編成された「永豊鎮屯墾第一大隊」が、旧満州国三江省樺川県永豊鎮に入植し、「弥栄村」を形成した。これが最初の開拓経験であった。

その後、敗戦により日本へ引き揚げるが、これら満州移民の収容先として根釧原野が候補地のひとつとなる。昭和二二年度（一九四七）から入植が始まり、翌二三年七月には弥栄開拓農業協同組合を結成、経営方針を酪農と定めた。

そして、満州開拓の経験を生かしながら、中村孝二郎（元満州国立開拓研究所長）を中心に、牧野の造成、農産物加工・酪農関係の諸施設を整備していく。

中村は人選が開拓の成功への秘訣だという信念を抱いており、先遣隊には旧満州弥栄開拓団員を中心に派遣し、その後、弥栄以外の開拓団員、一般入植者を入植させた。

こうして、いつの頃からか、この地区は「弥栄開拓団」と呼ばれるようになった。


このように、敗戦後の標茶村（一九五〇年に町制移行）には、多様な性格の戦後開拓団が入植し、昭和二〇〜二五年までの六年間に戸数で六〇〇戸前後、人口で三、〇〇〇人の増加となった。こうした傾向は、道内の他地域でも一時的に見られた。

しかし、昭和三〇年（一九五五）代以降になると、戦後開拓によって開かれた開拓地は、離農者が相次ぎ、過疎化が進んでいく。

④ 知床岩尾別地区—離農の歴史を刻む

ウトロ市街地（斜里町）を抜けて知床自然センターのあるところから知床横断道路のゲートを右手に、左手の道道知床林道線を進んだところに幌別開拓地がある。

また、そこから岩尾別川を眼下に谷を降り、川を渡って坂を登り切ると、平坦な台地—岩尾別開拓地がある。この幌別と岩尾別を合わせた地区が知床岩尾別開拓地だ。

この開拓地は、標高一〇〇〜二〇〇メートルの溶岩台地で、羅臼岳（らうすだけ）噴火の溶岩に薄い表土が覆っている地質なので、農地として不適であったが、当時は開拓の可能性を信じたのであろう。
知床岩尾別開拓の歴史は、次の三つに分けられる。

ア　大正期開拓

大正三年（一九一四）七戸入植、大正七年までに福島県から六〇戸が入植した。しかし、大正八～一一年にかけて、バッタが異常発生し、作物が食われて全滅。この被害などで、大正一三年（一九二四）にほとんどが離農した。

イ　昭和戦前期開拓

昭和一三年（一九三八）、本田正雄（訓子府町在住の農家・町会議員）を団長に、三八戸が訓子府町より入植。翌年には岩尾内分教場も再建され、児童数は一九人いた。

この入植者は、戦後の昭和二四年にも二〇戸が残っており、樺太引揚者五戸とともに営農を続けていたようだ。しかし、後に大半が離農したらしい。本田はその後、斜里町で町会議員をつとめ、昭和四五年（一九七〇）、六六歳で逝去している。

ウ　戦後開拓

昭和二〇年代より入植が始まり、六五戸となる。主に宮城県からの入植者。徐々に離農が始まり、昭和四一年（一九六六）、全戸が集団離農した。

⑤ 斜里町豊里地区－地名に残る開拓民の夢

斜里町でも昭和二〇年一〇月、大阪からの戦災帰農集団四三戸がやってきたが、すでに冬が迫っており、斜里岳山麓に入植するのを見合わせ、軍隊が残した三角兵舎で冬を越して、翌春、五月に現地に入植した。開拓地を「豊里」と名づけた。

豊里以外の峰浜・真鯉・朱円・富士・川上・大栄地区にも入植した。岩尾別・豊里を含めて二五二戸という記録がある。斜里町の木谷維良の『私の北海道』には、そのうち二一七戸が離農して、昭和五七年（一九八二）現在で三五戸が残っているとある。

豊里の方は入植後三六年目の昭和五六年三月、豊里小学校の閉校式が行われた。閉校式には児童数六人、農家は六戸のみで、大阪出身者は一人もなく、地元入植者だけがかろうじて残っていた。戦後開拓者は、すべて離農したのだ。

⑥ 根釧原野－戦後開拓の希望を担う

終戦により、根釧原野内の旧軍の飛行場や軍馬補充地の開放がすすめられた。また、同地域には、これらの開放地のほか、開拓可能地を多く有すると見られていたので、戦後緊急開拓事業の格好の対象地とされた。

別海村には、「満蒙開拓義勇軍」に志願した引揚者が数多く入植した。その中には、思想的には戦前ばりの「愛国精神」から脱却できず、「反ソ・反共意識」を色濃く持つ入植者が多数含まれていたようだ。

また、緊急開拓者の中には、その後の基地反対運動の中心となった人物も含まれている。昭和二四年（一九四九）、上出五郎が泉川地区に入植、続いて同二七年四月、杉野芳夫・川瀬犯二のふたりが、やはり戦後開拓者の一員として三股に入地している。

＊彼らが入植して間もなく、この村で二つの謀略事件が起きている（「泉川事件」、「武佐中学事件」）。

《トピック二七》　開高健『ロビンソンの末裔』と開拓民の悲哀

作家開高健は、昭三四年（一九五九）頃から翌年にかけて、大雪山の麓にある開拓村へ季節ごとに取材に行き長期間滞在した。付近には戦後、東京、大阪などからかなりの入植者が入ったが、この取材のとき開高は村の生活の厳しさに度肝をぬかれたという。

こうした苦労の末、同三五年一二月、小説『ロビンソンの末裔』（角川文庫）を発表した。ここにその要旨を紹介しておく。

敗戦間近かの昭和二〇年三月九日、東京がB29爆撃機による大空襲を受けて死者八万四千人、罹災者一五〇万人、焼失家屋二三万戸の大惨事が起きた。敗戦前日の昭和二〇年八月一四日、空襲と食糧難に疲れた「私」は東京都庁をやめ、妻子を連れて北海道開拓団の一員として上野駅を発つ。

汽車には、大工、銀行員など様々な職種の人たちで溢れ〝難民の混成部隊〟のようだ。青森で一泊し貨客船で青函海峡を渡るが、船内で敗戦の玉音放送が流れる。案内の農業指導員が興奮しながら言う。「本船はうごいております。青森にはもどりません」。

否応おうなしに一行は戦時開拓民から戦後開拓民となり、函館で釧路、北見、旭川の三方向の組に分けられる。「私」と妻子は汽車で旭川へ向かい、さらに支線に乗りかえて小さな町へ着く。町長、助役らの出迎えや説明を受けるが、「私」が「東京を出て来たとき聞いてきた条件に変わりはないか」という質問すると、助役は当惑するばかりで明確に答えない。

クジで当たった土地に着くと、そこには見渡す限り熊笹と灌木林（かんぼくりん）があるばかりだった。「父ちゃん！……」首まで熊笹につかって、おぼれそうになりながら、女房が呼んだ。ふりかえると、眉（まゆ）がふるえ、眼は真っ暗でした。彼女は私の顔を見ると、うなだれ、そっぽを向いて、そのまま茂みのなかにしゃがんでしまった。

東京を出るとき聞いてきた条件はどれもこれもウソだった。その土地に拝み小屋を作り、親子三人が川の字なりに寝るともうそれで一杯で、「私」は朝早くから女房といっしょに畑に出て働いた。新聞も見ずラジオも聞かず、町から五里もはなれた道らしい道とてないこの広大な窪地(くぼち)では、ただ働いて食べて眠るしかない。働くことをやめると、たちまち熊笹におそわれる。夜のおそろしさもここに来て初めて知る。冬は川原から拾ってきた石を毎晩寝るときルンペンストーブの上にのせてあたため、ボロきれでくるみ、湯タンポがわりに使う。

こうして未開地と格闘しながら「私」は同じ開拓民の「畳屋(たたみや)」といっしょに〝生存〟をかけて旭川の支庁、北海道庁、さらには政府や国会にまで道路工事などを陳情するが、らちがあかない。

終章。いまのこの上開部落にはきれいな道がついている。熊笹の密林はすっかりひらけて畑になった。入植当時からの人間でいまでも残っているのは元警官と「私」だけで、ほかの人たちはみんな去ってしまった。

小説の舞台は〝上開部落〟となっていて、特定はできないが、上川町に数地区の開拓部落があり、これらのいくつかを突き合わせて設定したものと思われる。

《トピック二八》 戦後緊急開拓についての黒澤酉蔵の回顧

黒澤酉蔵は、戦後の緊急開拓事業について、『北海道開発回顧録』(昭和五〇年、北海タイムス社)で次のように回顧している。

「…いまふり返ってみますと、戦後の混乱期には食糧不足を解決し、復員軍人、引揚者をとにかく受け入れなければならなかったのです。」

「…ことの順序からいけば、理想的なのは入植者はしっかりした住宅を建ててもらい、道路も電気もついているところ、農地も耕して種子をすぐまけるようにしてあるところにはいることです。が、緊急開拓事業にはその財源も、制度もなにもありませんでした。おまけにこれは農林省が指揮監督した事業で、北海道のことはまったく知らずに、上からの割り当てでやってしまったのでした。理想的な開拓の仕方はともかく、道路も電気もない沢地とか荒れ地に人を押し込むという乱暴なことになってしまったのはかえすがえすも残念なことですし、入った人たちには全く申訳のないことです。

土地が荒れていたうえに、これまでの百年間では開けないところが戦後開拓地の大半でした。これは別の表現を使えば、本州の亜流の米麦農業や略奪畑作農業ではやれない土地であったということです。ところが、開拓地にはそんな準備は一つもありません。

いまにして反省してみますと、必ず失敗する以外にない方法でした。しかも、それを承知の上ででも強行しなければならなかったというところに悲劇があるのです。しかし残念ながらいまでもこの誤解が残っています。真の開拓、真の開発はあんなに人間を粗末に扱うものではありません。大体人間の生活になっていないのです。あれはあくまでも敗戦時の急場しのぎの応急措置だったのです。そこで北海道開発法ができると地元北海道と有識者のあいだからすぐ反省が出て来たのです。これは『もっと人間を人間らしく扱おう』ということ以外にありません。…」

五　その後の流れ

その後の全道総人口の推移

参考までに、第二期拓殖計画時代（昭和二～二二年）以降の各計画期末頃における北海道総人口の推移（実績）をみると、次のとおりとなっている。

・第二期拓殖計画時代（昭和二～二二年）　昭和二二年の人口　三四八万八、〇〇〇人
・戦後緊急開拓時代（昭和二三～二六年）　昭和二六年の人口　四三八万八、〇〇〇人
・第一期北海道総合開発計画時代」（昭和二七～三七年）の前半「第一次五カ年計画時代」（昭和二七～三二年）　昭和三二年の人口　四八七万九、〇〇〇人
・同後半、第二次五カ年計画時代（昭和二七～三七年）　昭和三七年の人口　五一〇万一、〇〇〇人
・第二期北海道総合開発計画時代」（昭和三八～四五年）　昭和四五年の人口　五一八万四、〇〇〇人
・「第三期北海道総合開発計画時代」（昭和四六～五二年）　昭和五二年の人口　五四四万三、〇〇〇人

・「新北海道総合開発計画計画時代」（昭和五二〜六二年）

昭和六二年の人口　五六七万一、〇〇〇人

注・これに引き続く各計画の時代については、記載省略。

また、大正九年〜昭和一五年までの節目の年の来住者と往住者の数は、左表のとおりであり、これから地域の特性・傾向を推定すると、

① 東北地方は、一貫して最多の来住者数を示しており、北陸地方がこれに次いで多い。

② 四国地方からの来住者数は、狭い地域なのに中国地方以上の来住者数を出している。

③ 関東地方・近畿地方などの人口密集地は、来住者数以上に往住者数が目立つ。

など、地域の特徴が読み取れる。

〔来住者・往住者の出身地方別人数〕

注・右側は来住者、左側は往住者の数。北海道資料による。単位人。

	（大正九年）	（大正一四年）	（昭和五年）	（昭和一〇年）	（昭和一五年）
東北	四〇、一二六	二九、二五八	二八、七六四	二六、九七四	二九、〇三〇
	五、九〇五	五、五四三	五、九九一	六、六九六	七、三八八
関東	五、七八八	五、六八三	六、〇二四	五、六五二	六、七六六

	五、七〇三	九、一八〇	六、〇九九	八、〇三八	一一、二七九
北陸	一六、七三三	一一、四六六	九、六八一	七、五九三	六、四四四
	三、〇四一	二、八二一	二、五二八	二、三二七	二、一五四
東山東海	四、六五五	三、〇〇八	三、三二三	二、二九九	二、五八五
	一、五四八	一、五九五	一、一七〇	一、四五九	一、九一八
近畿	三、五四〇	三、〇四九	三、四一二	二、三五五	二、七一〇
	二、一二四	一、八一三	一、四八七	二、六二六	三、〇八六
中国	二、九九四	二、一三三	二、一三九	一、五二六	一、五三一
	九二一	六三三	五〇三	六五九	七九四
四国	四、四四六	二、六二四	二、六六七	一、六〇五	一、五三一
	一、〇五八	七五〇	五四八	五五三	五四七
九州沖縄	二、一六四	一、七六三	一、八三七	一、四〇九	一、七八六
	七四二	五四九	五七四	五八七	八三八
その他	九〇	一、一二〇	二、二七六	二、五七四	九、五六六
	二、五〇一	一〇、五四三	七、三三五	六、一〇〇	六、九四八

計	八〇、五三六	六〇、一〇四	六〇、一二六	五一、九八四	六二、〇九七
	二三、五四三	三三、四五七	二六、二三五	二九、〇四五	三四、九五二

《トピック二九》　東北・北陸に次いで多い四国からの移民

四国地方は、北海道移民の東北・北陸に次ぐ第三の供給地という位置を占めている。開拓使時代末期の明治一五年から、北海道庁時代の昭和一七年まで（一八八二～一九四二）の六一年間における北海道移民の総数は、約八〇万二、〇〇〇戸・三一四万四、〇〇〇人という厖大（ぼうだい）な数にのぼるが、うち四国からの移民は四万九、四〇〇戸・一九万一、七〇〇人で、全体の六㌫に当たる。

ただ、明治二四～二九年までの六年間は、四国からの移民がほぼ一〇㌫を超え、これをピークに、以降は緩やかに減少している。

次に、さらに四国の県段階までを見てみると、四国からの六一年間の移民総数四万九、四〇〇戸・一九万一、七〇〇人のうち、

①　最も多いのは、徳島県（一万八、六〇〇戸・七万二、五〇〇人）であり、

② 次いで香川県（一万五、〇〇〇戸・五万六、八〇〇〇人）、
③ 愛媛県（九、八〇〇戸・三万九、〇〇〇人）、
④ 高知県（六、三〇〇戸・二万四、〇〇〇人）の順、となっている。

これを、移民総数に対する構成比で見ると、① 徳島県三七・八パーセント、② 香川県二九・六パーセント、③ 愛媛県二〇・四パーセント、④ 高知県一二・七パーセントの順となっている。

《トピック三〇》 各都府県別の北海道移民の状況

戦前の各都府県別の北海道移住の状況について、そのイメージを知っておく意味で、代表的な数字をあげておく。

〇第一期　明治二七〜三一年（一八九四〜九八）

（一位）石川県八、六九五戸　（二位）富山県七、三五一戸　（三位）新潟県六、七五六戸
（四位）青森県五、九八八戸　（五位）福井県五、六二九戸　（六位）秋田県四、八〇四戸
（七位）岩手県三、二二九戸　（八位）香川県三、〇二三戸　（九位）山形県二、六三〇戸
（一〇位）徳島県二、四四八戸　（一一位）宮城県一、九四七戸　（一二位）愛知県一、八二四戸

＊一〜一二位計五四、三二四戸　＊全国　七二、九九四戸　＊上位六県の比重五三、七パーセント
＊上位一二県の比重七四、五パーセント

○第二期　明治三八〜四二年（一九〇四〜〇九）

（一　位）富山県九、一二六戸　（二　位）新潟県八、四一九戸　（三　位）宮城県七、七〇五戸
（四　位）石川県六、八四六戸　（五　位）青森県六、六九二戸　（六　位）秋田県六、四三三戸
（七　位）岩手県五、一五七戸　（八　位）山形県五、〇〇三戸　（九　位）福島県五、〇〇二戸
（一〇位）福井県四、一二一戸　（一一位）岐阜県三、三七七戸　（一二位）徳島県三、一〇三戸
＊一〜一二位計六八、九八四戸　＊全国九四、七五八戸　＊上位六県の比重四五、六パーセント
＊上位一二県の比重七三、八パーセント

○第三期　大正四〜八年（一九一五〜一九）

（一　位）青森県一一、〇七九戸　（二　位）宮城県一一、〇五六戸
（三　位）秋田県一〇、二六八戸　（四　位）新潟県　九、二二三戸
（五　位）岩手県　七、四七三戸　（六　位）山形県　六、九五九戸
（七　位）福島県　六、六八六戸　（八　位）富山県　六、三七〇戸
（九　位）石川県　五、四七三戸　（一〇位）東京　三、三三二戸

（一一位）岐阜県　二、八三〇戸　（一二位）福井県　二、七五二戸

＊一〜一二位計八三、四〇一戸　＊全国一一三、六〇二戸　＊上位六県の比重四九、四％

＊上位一二県の比重七三、四％

注・高倉新一郎編『新しい道史』第四巻第六号を参考にした。

以上によると、例えば、

①　比重のとくに大きいのは北陸地方・東北各地方で、上位一二県はこれら両地方がほとんどを占める。これに続き、四国地方の徳島県、香川県と、濃尾地方の岐阜県、愛知県が多い。

②　中間の第二期を挟んで北陸地方から東北地方への交替が顕著で、とくに第三期における東北のウェイト増加が著しい。
また東北の中でも、一期から顕著な増加傾向を示す青森県、秋田県、宮城県と、やや緩やかな上昇傾向を示す岩手県、山形県、福島県とに分かれている。

③　北陸地方は、第一期、第二期のヤマが目立つ。その中でも、移住の増加・減少がともに早い石川県・福井県と、三期まで減退を示さない新潟県、その中間の富山県に分れる。
など、様々な地域の特殊性が読み取れる。

まとめに代えて

ここでは、これまでに書き進めてきたことを振り返りつつ、足りないところを補充する意味で数点を記しておきたい。

① 開拓使設置以前にも、松前藩はともかくとして、幕府はある程度、移民の招致を試みた実績がある。

② 明治期の初め（一〇年代末頃まで）の移民は、士族・屯田兵といった保護的移民が多くを占め、一般移民は少なかった。なお、移民は最初、石狩・渡島・後志地方に多く移住した。その後、これらの開拓地が入りにくくなると、道東、道北の各地へ入地した。

③ 屯田兵は、北方警備ではもちろんのこと、他の一般移住民の誘致要因となり、あるいは未開不便の土地に入って開拓の先駆となって社会に感化を与えるなど、拓殖上果たした役割は大きい。

④明治中期（二〇年代）には、西日本を中心に地主制の発展が顕著で、小作化した農民の中から多数の離村者が出るようになった。彼らには、外国移住を含め多様な生き方があったが、明治二〇〜三〇年代にかけては、北海道への移住が多く選択されたようだ。そうした傾向は他にも広がり、明治後期〜大正期には、東北地方の農村から多くの移民が北海道に渡った。

⑤移民がとくに盛んになったのは、明治二五年〜大正一〇年（一八九二〜一九二一）頃である。この間の移民は約一八八万七、〇〇〇人で、東北地方（約七六万人）、北陸地方（約五六万人）、四国地方（約一四万人）の順に多い。

⑥北海道移民はとくに日清戦争・日露戦争・第一次大戦などの戦争直後あたりに顕著になり、明治二七〜三一年、同三八〜四二年、大正四〜八年の三つにピークがある。このうち、第一のピークでは明治三〇年（六万四、〇〇〇人）、第二のピークでは同四一年（八万五〇〇〇人）、第三のピークでは大正八年（九万一、〇〇〇人）が、それぞれ最多である。なお、翌九年から移民の流れは、急速に減少傾向をたどる。

⑦移民全体の中では、東北・北陸地方からの移民が多いが、明治二〇年代末期頃には、両地域に続き四国地方からの移民がかなりのウェイトを占め、この傾向はその後も続く。

明治後期に至ると、明治三八年頃を境に、移民の送り出し地域は徐々に北陸地方から東北地方に移行していく。

⑧ 大正期における移民は、青森・秋田・岩手・宮城など東北地方からの者が多い。

⑨ 農業移民は、単独移住より団体移住（団結移住）の方が成果があがったようだ。

⑩ 第二次大戦後の戦後開拓民は、想定していた条件とは著しく違った、はるかに厳しい、悲惨な現実下に置かれ、離農率も高かった。

〔補　稿〕ブラジル移民史と北海道

筆者は、北海道移民史を調べているうちに、日本人・北海道人の南米移住史、とくにブラジル移住史に強い関心を抱くようになった。その理由は、

① 入植者が原野開拓などに汗を流して苦労した点が、かなり共通している。

② 戦前はもちろん、終戦後、海外領土を失い六〇〇万人を超える引き揚げ者を収容する必要に迫られた政府は、局面打開策として、北海道だけでなく海外への移住、とくにブラジルなど南米諸国への移民を促進してきた。つまり、似たような役割を期待されて来た地域だったのだ。

③ その中には、内地から一族で北海道に移住し、さらに開拓への滾る情熱が衰えずに、南米移民として転進していった家族も含まれていた。

というような点からである。また、個人的な話だが、筆者は子供の頃、福井県の農家に育ち、《農家を継ぐなら、ブラジルに行って大規模農家を経営してみたい》などと不遜な

夢を抱いていた時期もあった。

しかし、最近ブラジル移民史を調べてみる限り、移民には厳しい現実が待ち構えており、ひと儲けして故郷に錦を飾ろうと思っても、とても果たせない幻想だったことを、あらためて思い知らされた。

そんなことから、本稿の北海道移民史との関連で、ブラジル移民史にも触れてみたいと思った。

ただ、今回は紙面の制約もあるので、詳細な説明は別の機会に譲り、ここでは思いの一端のみ、記述するにとどめることとしたい。

注・詳細な情報を得たい場合には、北海道南米移住史編集委員会編『北海道南米移住史』（北方圏センター）、高橋幸春『蒼氓蒼茫の大地』（講談社）などを参考にされるとよいと思う。

・また、戦前・戦後の満蒙開拓と北海道の関係についても、さらなる研究の要があると感じている。

一　南米関係諸国と日本の国勢比較

初めに、日本人が移民を送り出している主要南米各国の人口・国土面積を見ておくと、

ブラジル連邦共和国　二億〇〇四〇万人　八五二万平方キロ（日本の二二・五倍）
アルゼンチン共和国　四〇一二万人　二七八万平方キロ（同　七・三倍）
パラグアイ共和国　六四五万人　四〇万平方キロ（同　一・三倍）
ボリビア多民族国　一〇四三万人　一〇九万平方キロ（同　二・八倍）
ペルー共和国　二九五〇万人　一二八万平方キロ（同　三・三倍）
〔日本国　一億二六〇〇万人　三八万平方キロ（　一　）〕

となっている。また、南米諸国中、ブラジル在の邦人は約五万四〇〇〇人、日系人は約一六〇万人ほどと推定される。

注・一方で、日本に滞在する日系ブラジル人の数は、一時三〇万人を超えたが、現在は約一八万人程度と推定される。

現在、ブラジルのGDP（国内総生産）は世界第六位。日本はブラジルにとって世界第

六位の貿易相手国で、両国は相互補完性を強めている。
現大統領は二期目のジルマ・ヴァナ・ルセフで女性初の大統領である。

二　日本人のブラジル移住

日本人の海外移民の歴史を紐解くと、ハワイ、北米（アメリカ、カナダ）などへの移民の方が早かったが、時代を下るといろいろな問題を生じ、その代替えとしての南米諸国に目が向くようになる。

また、ブラジルへの組織的な移民は、明治四一年（一九〇八）の「笠戸丸」による移民が最初である。

注・日本人で最初にブラジルの土を踏んだのは、享和三年（一八〇三）の若宮丸乗組員である。（漂流民でロシア船に救助され送還中にブラジル南部に寄港）また南米への日本人の集団移住はペルーの方が早く、明治三二年（一八九九）とされる。

その後、昭和六〜七年（一九三一〜三二）の大凶作や、緊迫した国際情勢から、南米移民の激増期を迎え、さらには満州移民までが容認されていく。

昭和二〇年八月、第二次世界大戦に敗戦すると、政府は海外からの六〇〇万人を超える引き揚げ者を受け入れる必要が生じた。国内人口も七、二〇〇万人となり、自然増加率も高かった。

こうした中、余剰人口を北海道への移住政策や、海外移民に振り向けようと考えるようになり、南米諸国との国交が回復すると移民再開に踏み切る。

南米移住は、第二次大戦を挟んで一九七〇年（昭和四五年）代まで続くが、この間の大戦終了直後には、日系人の中で、日本国の敗戦を信じる「負け組」と、情報欠如などでこれを信じない「勝ち組」が、壮絶な争いを展開した。

しかし、まもなくこうした不幸からも立ち直り、移民の活躍によりブラジルのさまざまな分野に二世、三世の人材を輩出していく。

昭和二九年（一九五四）、サンパウロ市創立四〇〇年祭が開催されると、九月に立派な「日本館」が落成、日本の産業文化を紹介する博覧会に四〇〇万人が来場した。

開催に先立ち、昭和二七年（一九五二）には「祭典日本人協力会」が結成されたのだが、注目すべきことに、祭典の終了後もに形を変えて、全ブラジルに散らばる日系人の結集・

団結に、極めて重要な核の役割を担っていく。

すなわち、前記協力会をそのまま移行させた「協会創立準備委員会」がまもなく発足。在伯同胞の親睦・文化的向上の啓蒙・二世の育英事業・ブラジル国民の誤解と偏見をなくすための日本文化紹介や日伯文化交流・拠点となる「文化センター」設立などの基本方針を打ち出した。

同年一二月には、「ブラジル日本文化協会」（略称「文協」。会長山本喜誉司）が発足、文協は昭和三九年（一九六四）、文化センターが落成するまで活動してゆく。

平成二〇年（二〇〇八）が日本人移住一〇〇周年で、「日本・ブラジル交流年」が制定され、これを記念する催しがブラジル各地で行われた。

なお、この前年（平成一九年）、北海道・札幌市出身の移住者・沼田信一が、家族と来道。その時コーヒー収穫用ふるい「ペネイラ」、除草用鍬「エンシャーダ」など五種類のブラジル農具を北海道開拓記念館（現北海道博物館）に寄贈。

平成二七年（二〇一五）は、「日本・ブラジル外交関係樹立一二〇周年」に当たる年であった。

ブラジルは世界最大の日系人居留地となり、明治四一年（一九〇八）以降約一〇〇年間で一三万人の日本人が移住。現在では、先に述べたように、約一六〇万人（ブラジル総人口の〇・八パーセント）の日系人が住んでいるといわれ、特に南部のサンパウロ州とパラナ州に多く住んでいる。

ブラジル社会への二世の進出は目覚ましく、昭和四五年（一九七〇）には日系初の商工大臣（安田ファビオ良治。日系二世）が出て、その後も鉱山労働大臣、保健衛生大臣、空軍司令官等を輩出している。

三　北海道からのブラジル移民

北海道における移民政策論議は、「いかにして内地から北海道に移民を連れて来るか、増加させるか？」が先で、海外へ送り出す政策はほとんど検討されて来なかった。ハワイ、北米へはもちろん、その後の南米移民にも、消極的であった。

しかし、その後の諸情勢の中で、北海道人の南米移民も進められていくようになるのだ。

なお、南米移民・北海道移民には共通点があり、年次別移住者数も同じように推移している。

つまり、日清戦争（一八九四〜九五）、日露戦争（一九〇四〜〇五）、第一次大戦（一九一四〜一八）の開始時点、徴兵や軍事景気と関係して移住者は一気に減少するが、戦争終了時の経済不況時には、移住者が増加して行く、といったパターンを両移民ともたどっている。

一方、北海道とブラジルの繋がりは、大正七年（一九一八）に始まる（「移住元年」）。同年こそ、北海道からの組織的な移民の入植年で、具体的には、最初の移民・小笠原一族がブラジルの大地に鍬を入れたときである。

そこで、以下、小笠原一族をはじめ、北海道からブラジルに移住した初期の事例を、数例、紹介しておきたい。

①　小笠原一族

高知県長岡郡本山村生まれの小笠原吉次は、明治二六年（一八九三）、武市安哉（武市半平太の類縁で国会議員）の演説を聞いて感銘を受ける。

長男袈裟次に渡道・現地視察させ先発隊を派遣。翌年、袈裟次が第二次移住団で移住し、石狩川中流部の浦臼（浦臼町）で共同の事務所を作り、農園を「聖園農場」と命名、各自が土地を選んで開墾した。

明治二八年、吉次ら小笠原一族五六人が、第三次移住団四〇〇人とともに聖園農場に入植（このとき吉次は六六歳、次男尚衛は二五歳）。同三一年には坂本直寛（坂本龍馬の甥）一家が聖園農場に移住した。

小笠原一族は明治三五年（一九〇二）、石狩川の氾濫のため名寄に転住。翌年には美深に転住し開拓に成功。のち村会議員にもなり、キリスト教活動にも力を入れた。

しかし、小笠原一族は開拓意欲が旺盛で、北海道開拓に飽き足らず、広大な未開地ブラジルに惹かれたようだ。何ともエネルギーに満ち溢れた一族というほかはない。

計画実行に当たり、吉次は次男尚衛に南米視察を命じた。尚衛はサンパウロを気に入り、一万町歩以上の土地を購入し、知人星名謙一郎と共同経営。父吉次にサンパウロに土地を買ったから一族をあげて南米に来るように、との電報を打つ。

一族は皆、これに賛同。美深の土地を売払い渡伯した。大正七年（一九一八）九月、吉次、袈裟次ら一族四六人が長崎から出航。さらに一族二九人が渡航した。

なお、出発に際し、九一歳の吉次は後藤新平、大隈重信らにも挨拶、東京駅には見送り人が五〇〇人も駆け付けたという逸話が残っている。

吉次は翌七年、サントスに着いたが、スペイン風邪にかかり一カ月後、死去している。一族は長老を失った悲しみを抱えながらも、尚衛が見つけたブレジョン殖民地に赴く。その後、尚衛は一族をまとめ、ブラジルに北海道村を建設するため奮闘。一族が築いたこの土地は、その後発展していくのだ。

三年後には、日本人入植者が一三〇人を超え、昭和八年（一九三三）には三八四家族・二、一〇九人となった。

ただ、尚衛は、土地問題で星名謙一郎と分裂。尚衛の家族は、袈裟次（長男）らを残して同地を去り、その後イタケーラ市、アルジャ市へと移り住む。

② 山縣勇三郎

肥前平戸藩（長崎県）士族出身の山縣勇三郎は根室に渡り、豪商・柳田藤吉（岩手県盛岡市出身）の帳簿係を皮切りに、事業家として頭角をあらわした。

海産物商のほか漁場を買って大当たりし、大金を手にして数隻の船を購入、海運業に進出したほか、根室の牧場、釧路炭田、古武井硫黄山（千島）など鉱山事業にも手を伸ばした。

明治四一年（一九〇八）、深刻な不況で万策尽き、ついにブラジルに渡ると、三年後、リオ・デ・ジャネイロ州マカエ郡で五、〇〇〇㌶のカショェイラ農場を購入。米作やサトウキビ栽培、酒の醸造を始めたほか、日本人を呼び寄せ、カーボ・フリオ郡で漁場開発を行った。

その他にも塩田を購入するなど事業を拡大したが、大正一三年（一九二四）に病気のため逝去した。

しかし、その後も彼の事業は息子たちに引き継がれたばかりでなく、星名謙一郎や、根室時代から繋がりのある石橋恒四郎らにも受け継がれた。

③ 石橋恒四郎

道産子の渡伯第一号で、明治一五年（一八八七）根室市で石橋嘉吉（元根室町長）の七男に生まれ、山縣勇三郎とは旧知の仲だった。

東京駒場農大獣医科を卒業後、山縣牧場（根室・三五〇㌶）の副場長となるが、山縣勇三郎の会社が破綻。その後の明治四二年（一九〇九）、渡伯していた山縣の要請を受けて自らも渡伯した。

リオ・デ・ジャネイロ市郊外の山縣の大農場に移るが、意見の相違から山縣と袂を分かつ。のち資格をとり、ブラジル連邦農商務省の畜産技師となる。その後、産業組合設立、農業雑誌「農家の友」発行に関わり、さらにイタケーラの殖民地（サンパウロ市近郊。果樹野菜殖民地―「桃の里」として有名）の建設、ゴヤス州での殖民地建設、ブラジルで初めての大豆工業会社を設けるするなど、様々な分野で活動した。

イタケーラ殖民地については、初期の入植者の中に北海道出身の小笠原尚衛、乾正衛、柳生兵衛らがいた。

④　**岡本専太郎**

岡本専太郎は室蘭で働いていたが、一七歳のときフランスの帆船に忍び込み、船員となってイギリスに渡った。ここでブラジルのゴム景気について聞き、英国船の船員となってマナウスに渡る。

のちに独学で測量の勉強を始め、公認測量技師の資格を取得。マリリア市に住み、測量士のかたわらコーヒー農場を経営するようになり、社会活動にも積極的に参加した。二世教育や相撲普及にも努め、中央日本人会会長、連合日本人会会長などを歴任した。

のちサンパウロ市に移転し、在伯北海道人協会会長を務める（一九六一〜六三）。同時期、道費留学生制度が実現、第一回留学生三人を送り出している。

⑤ **今井　求**

今井求(もとむ)は札幌生まれで、北大医学部を卒業。昭和四年（一九二九）に外務省留学生として渡伯し、リオ・デ・ジャネイロ医科大学に学んでブラジル医師の資格を取得した。日本人の多い地域で役に立ちたいと、リンス市で開業、外科手術に定評があったという。傍(かたわ)ら初代ノロエステ連合会会長、リンス中央日本人会会長等として日系人のリーダー的存在となった。第二次大戦後も日本戦災同胞救援会リンス地方委員会長として尽力した。

一九六〇年代後半には、アマゾン地域のマラリア流行に際し、医師として救済に活躍したほか、アマゾニア日本人移民援護協会の説力に尽力。昭和四五年（一九七〇）に逝去した。

⑥ **佐藤常蔵**

明治四〇年（一九〇七）函館生まれの佐藤常蔵は、日本力行会員として大正一一年（一九二二）渡伯。サンパウロ州ベェラ・ヴィスタ耕地に入植したが、のちサンパウロ市に出て雑誌「農業のブラジル」経営に携わり、農業知識の普及などに貢献した。

ジャーナリスト、随筆家、ブラジル歴史研究者として、日系社会だけでなくブラジル社会で知られ、『ブラジル全史』、『ブラジル風物詩』など多数の著作を残した。

在伯北海道協会役員、日本ブラジル文化協会理事などの役員を務め、『在伯北海道人史』（一九六八年発刊）の編集にも関与した。平成九年（一九九七）に逝去。

⑦ **橘富士雄**（たちばな）

明治四四年（一九一一）江別生まれの橘富士夫は、逓信講習所を卒業後、札幌電信局に勤務。のち日本殖民学校に学び、昭和七年（一九三二）に渡伯しマリアンサ移住地に入植した。

その後、コロニア（移民社会）のリーダーとなる和田周一郎と知り合い、その紹介でブラジル拓殖組合の銀行部に勤める。ここでめきめき頭角をあらわし、同銀行部が「南米銀行」となると同時に入社。同行社長にも就任し、同行を有数の中堅銀行に発展させた。

戦中戦後、厳しい局面をコロニアの株主の協力で再建、「愛を返す」という理念を持った。とつとつと話す人柄で、ブラジル日本商工会議所会頭、日本語普及センター初代理事長、日伯文化連盟副会長などをつとめ、八〇年代以降の日系社会のリーダーとして活躍。その一方、コロニアに「愛」を提供し続け、平成七年（一九九五）、日伯修好百周年委員長として貢献、翌年没した。

あとがき

筆者としては、この本が、北海道移民史を理解したい人たちに、少しでも参考になれば嬉しい。

また、本文で北海道戦後開拓史に絡んで、黒澤酉蔵氏（故人）のことに触れたが、誤解が生じてもいけないと思うので、著者自身の体験をあえて記しておきたい。

筆者は若い頃、北海道開発庁（現国土交通省北海道局）で北海道審議会の事務局の仕事に携わったことがあるが、その頃はちょうど、国が樹立する第三期北海道総合開発計画の策定作業が山場を迎えていた。

そこでこれに絡む仕事などを通して、同審議会の会長だった黒澤酉蔵氏（故人）の人柄・仕事ぶりを、直に知る機会に恵まれた。そこで見た氏は、北海道全体の発展についてはもちろん、とくに寒地農業の確立に並々ならぬ執念を持った人物で、志高く〝古武士ないし仙人〟のような風格の人、といった印象だった。この印象は、今もって変わっていない。

黒澤氏が茨城県の農家生まれで、若い頃、義人といわれた田中正造代議士に師事して、足尾鉱毒事件の救済に奔走した〝熱き人物〟だったことは承知していたが、寡聞にして、本稿で触れたような戦後開拓史との関わりがあったことについては、全く承知しておらず、今回、調べてみて驚いた次第である。

なお、本稿は、もっぱら内地からの北海道移民の歴史を知ることを目的としており、ここではほとんど触れなかったが、「和人の北海道開拓・移民」や土地制度と、それがアイヌの人びとに及ぼした影響という複雑な問題がある。このことの存在についても、忘れてはならないと思う。

最後に、本稿の参考文献については巻末に掲載したが、中でも『北海道移民史』（北海道庁拓殖部）をとくに参考にしたほか、安田泰次郎『北海道移民政策史』（生活社）、『新北海道史』各編（北海道）、北海道戦後開拓史編纂委員会編『北海道戦後開拓史』（北海道）、田端宏一ほか『北海道の歴史』（山川出版社）、田中彰・桑原真人『北海道開拓と移民』（吉川弘文館）、黒澤酉蔵『北海道開発回顧録』（北海タイムス社）、伊藤廣『屯田兵の研究』（同成社）、高倉新一郎編『新しい道史』第四巻第六号（北海道）、関秀志ほか『北海道の歴史下　近代・現代編』（北海道新聞社）、北海道開拓記念館常設展示解説書一～八巻、菊地慶一『もうひとつの知床　戦後開拓ものがたり』（道新選書）、桑原真人・川上淳『北海道の歴史がわかる本』亜璃西社、北海道南米移住史編集委員会編『北海道南米移住史』（北方圏センター）等をかなり参考にさせていただいた。

この欄を借りて、関係の皆様に心からの敬意を表するとともに、厚く御礼を申し上げるしだいである。

《参　考》北海道移民史年表

文治　五（一一八九）藤原秀衡、夷狄嶋をめざすも肥内郡で暗殺される
建保　四（一二一六）鎌倉幕府、強盗海賊など五〇人を夷嶋に追放
承久元〜永仁元（一二一九〜一二四）この頃、安東氏が蝦夷管領となる
嘉吉　三（一四四三）安東盛季、南部氏に敗れ一三湊を放棄し夷嶋に逃れる
享徳　三（一四五四）安東政季、武田（蠣崎）信広を伴い夷嶋へ逃れる
天正一八（一五九〇）蠣崎慶広、秀吉に臣従しのち国政の朱印状を交付される
慶長　九（一六〇四）松前慶広、徳川家康に国政の黒印状を交付される
寛永一六（一六三九）松前藩、蝦夷切支丹一〇六人を斬首
寛政一一（一七九九）幕府、東蝦夷地の仮上知を決定（第一次蝦夷地幕領期）
　一二（一八〇〇）八王子千人同心の原半左ェ門らが渡道し開拓　幕府、移民を官募し道南に移住させる
文化　四（一八〇七）幕府、松前・西蝦夷地一円の上知を決定。松前藩は奥州梁川に転封
　九（一八一二）幕府、東蝦夷地の直営を中止

文政　四（一八二一）幕府、松前・蝦夷地一円を松前家に還付を決定
天保　四～一〇（一八三三～三九）頃　天保の飢饉
嘉永　六（一八五三）ペリー、浦賀来航
安政　元（一八五四）日米和親条約。ペリー艦隊箱館来航。幕府、松前藩より箱館及び周辺五～六里
　　四方を上知
　　二（一八五五）幕府、木古内以東、乙部以北の地を上知（第二次蝦夷地幕領期）松前藩、奥州梁
　　川・出羽国の一部を与えられる　庵原菡斎が道南の銭亀沢村亀の尾に入り開墾、
　　官募による御手作場始まる
　　三（一八五六）幕府による士族の在住制始まる
　　六（一八五九）幕府、蝦夷地を東北諸藩に分与、警備・開拓に当たらせる
元治　元（一八六四）乙部～熊石の八カ村、松前藩へ還付
明治　元（一八六八）箱館裁判所設置、のち箱館府と改称。旧幕府軍、蝦夷地を平定
　　二（一八六九）箱館戦争終わる　松前兼広、版籍奉還し館藩知事に　開拓使設置　蝦夷地を北
　　海道と改める　移民扶助規則を制定
　　三（一八七〇）仙台藩亘理領主・伊達邦成主従が渡道し有珠郡伊達町に移住
　　四（一八七一）廃藩置県、館藩を廃し館県を置く（のち弘前県に併合）

五（一八七二）北海道土地売貸規則・地所規則を制定、移民扶助規則を改正　仙台藩岩出山領
　主・伊達邦直主従が石狩郡当別町に移住
六（一八七三）地租改正条例公布。小規模自作農が小作農へ転落
七（一八七四）陸軍中将兼開拓次官黒田清隆、参議兼開拓長官に就任　屯田憲兵例則を制定
　移住農民給与更正規則を制定
八（一八七五）樺太・千島交換条約。最初の屯田兵一九八戸、九六五人が札幌郡琴似村に入地
　樺太アイヌ八四一人を宗谷（のち対雁）に移住させる　札幌に屯田事務局設置
九（一八七六）北海道地券発行条例を制定
一〇（一八七七）西南戦争起こる
一一（一八七八）尾張徳川家家臣が渡道し八雲村を開く
一二（一八七九）幌内炭鉱開坑
一四（一八八一）樺戸集治監開庁
一五（一八八二）開拓使廃止。函館・札幌・根室の三県設置。札幌・幌内間汽車運転式　黒田清
　隆内閣顧問が政府に士族移住を提言　屯田兵は陸軍省移管
一六（一八八三）農商務省に北海道事業管理局を設置　函館・札幌・根室三県が各移住士族取扱
　規則を布達　北海道転籍移住者手続を制定（太政官布告）、移住者農民給与更

八（一九一九）道庁、殖民地選定心得を制定
九（一九二〇）雨竜郡の蜂須賀農場で最初の小作争議（以後昭和七年まで争議頻発）
一二（一九二三）関東大震災起きる　北海道移住者世話規程を制定　北海道協会、罹災者救護のため国費保護の移民奨励を議決　内務省、震災罹災者の救援と内国移民奨励のため毎年四三〇〇戸の北海道移住者に一戸当たり三〇〇円の移住補助金交付を定める（許可移民・補助移民と呼ぶ）
一五（昭和元　一九二六）開墾補助規程を公布　十勝岳大爆発　道庁、自作農創設維持資金貸付規程を公布

昭和

二（一九二七）第二期北海道拓殖計画実施（二〇カ年計画）　民有未墾地開発資金貸付規程公布　国有未開地処分法施行規則・施行細則を改正
四（一九二九）北海道自作農移住補助規程を公布
六（一九三一）全道的に冷害凶作　満州事変起こる
七（一九三二）満州国建設の宣言　第一次弥栄開拓団送出
八（一九三三）北海道国有未開地処分法施行規則を改正
一一（一九三六）北海道自作農移住補助規程を廃止、北海道自作農移住者補助規程を公布
一二（一九三七）日華事変起こる

一三（一九三八）農地調整法を制定
一四（一九三九）自作農創設維持奨励規程を公布
一五（一九四〇）農林省、自作農創設維持補助規則を公布・民有未墾地開発資金貸付規程を廃止
一六（一九四一）北海道自作農開拓者補助規程を制定　北海道移住者世話規程を廃止・北海道自作農開拓者世話所規程を制定　太平洋戦争起こる
二〇（一九四五）政府、都市疎開者の就農に関する緊急措置要綱を閣議決定　民間側から黒澤酉蔵の疎開者戦力化ニ関スル意見書（救国建白書）、道関係　貴衆両院議員連名による戦災者戦力化ニ関スル意見書が提出される　次官会議で北海道疎開者戦力化実施要綱を決定　道庁、北海道疎開受入態勢整備強化要領・都市疎開者ノ就農受入ニ関スル緊急措置要綱を制定　北海道集団帰農者受入要綱を市町村長らに通牒　北海道集団帰農者受入本部を設置　民間協力団体として戦災者北海道開拓協会が設立される　拓北農兵隊（拓北農兵団）第一陣が北海道へ入植　終戦（敗戦）　米軍北海道進駐　道庁、臨時北海道拓殖本部を立ち上げ北海道戦後開拓実施要領を制定　政府、緊急開拓事業実施要領を閣議決定
二一（一九四六）道庁、北海道戦後開拓実施要領を発展的に解消、北海道開拓者集団入植施設計画を決定　北海道開拓者連盟結成　農地調整法改正・自作農創設特別措置法を

公布（第二次農地改革法）緊急開拓事業代行規程を制定
二二（一九四七）政府、緊急の二文字を除いた開拓事業実施要領を制定　地方自治法を施行　北海道庁を廃止・北海道を設置　開拓者資金融通法制定　農業協同組合法を公布・開拓農業協同組合の設立が推進される
二五（一九五〇）北海道開発法公布　北海道開発庁を設置　十勝沖地震　平和条約発効　開拓信用基金制度を創設
二七（一九五二）北海道総合開発第一次五カ年計画（昭和二七〜三一年度）を実施　戦後第一回ブラジル移民五四人がサントス丸で神戸港出航
二八（一九五三）開拓融資保証法を制定
二九（一九五四）台風一五号（洞爺丸台風）　サンパウロ創立四〇〇年祭・日本館寄贈
三一（一九五六）北海道大冷害
三二（一九五七）開拓営農振興臨時措置法を制定
三三（一九五八）北海道総合開発第二次五カ年計画（昭和三三〜三七年度）実施　開拓事業実施要領を廃止・開拓事業要綱を制定（いわゆる新開拓制度を実施）
三八（一九六三）第二期北海道総合開発計画（昭和三八〜四五年度）実施
四四（一九六九）開拓者資金特別措置法を制定

四五（一九七〇）開拓農業協同組合の解散・合併が推進される（〜ほとんどが四七年度までに解散・合併）
四六（一九七一）第三期北海道総合計画（昭和四六〜五五年度）実施　開拓パイロット事業実施要綱を制定
四七（一九七二）冬季オリンピック札幌大会
四八（一九七三）開拓農民によって組織された開拓農協が廃止され戦後開拓が終了
五三（一九七八）政府、第三期北海道総合開発計画に代えて第四期北海道総合計画（昭和五三〜六二年度）を決定
六三（一九八八）第五期北海道総合開発計画・北海道長期総合計画（昭和六三〜七二年度）実施。ＪＲ津軽海峡線（函館〜青森間）開業。新千歳空港開港

《主な参考文献》

『北海道移民史』北海道庁拓殖部＊同部植民課片山敬次の執筆　一九三四
『北海道移民政策史』安田泰次郎著　生活社　一九四一
『北海道開拓と移民』田中彰・桑原真人著　吉川弘文館　一九九六
『新北海道史』第三巻通史二　北海道　一九七一
『新札幌市史』第一巻通史一　札幌市　一九八九
『新北海道史』第四巻通史三　北海道　一九七三
『新北海道史』第五巻通史四　北海道　一九七五
『新北海道史』第六巻通史五　北海道　一九七七
黒澤酉蔵『北海道開発回顧録』北海タイムス社　一九七五
『北海道の歴史　下』近代・現代編　関秀志ほか　北海道新聞社　二〇〇六
高倉新一郎編『新しい道史』第四巻第六号　北海道…（永井秀夫「北海道移住と府県の状況」）一九六六
中村英重『北海道移住の軌跡―移住史への旅』高志書院　二〇〇〇

北海道戦後開拓史編纂委員会編『北海道戦後開拓史』北海道　一九七三
桑原真人・川上淳『北海道の歴史がわかる本』亜璃西社　二〇一一
開高健『北海道文学全集第一六巻　ロビンソンの末裔』立風書房　一九八一
『標茶町史　通史編第二巻』標茶町史編さん委員会編、標茶町役場　二〇〇二
菊地慶一『もうひとつの知床　戦後開拓ものがたり』道新選書　二〇〇五
『函館市史』通説編第二巻　函館市　一九九〇
『北海道の歴史』田端宏ほか　山川出版社　二〇〇〇
『北海道の歴史』榎本守恵ほか　山川出版社　一九八二
『北海道の歴史60話』木村尚俊ほか著・三省堂　一九九六
北洞孝雄『北海道鉄道百年』北海道新聞社　一九八三
札幌市教育委員会編『さっぽろ文庫三三　屯田兵』札幌市　一九八五
伊藤廣『屯田兵の研究』同成社　一九九二
上原轍三郎『北海道屯田兵制度（復刻版）』北海学園出版会　一九七三
桑原真人『日本民衆の歴史7　開拓のかげに』三省堂　一九八七
北海道開拓記念館常設展示解説書4『近代のはじまり』二〇〇〇

同右　常設展示解説書5『開けゆく大地』二〇〇〇
同右　常設展示解説書7、8『戦後の北海道―新しい北海道』二〇〇一
『北のいぶき』第一八号、第二一号〜三〇号・北海道開発庁編、北海道開発協会（榎本守恵「ほっかいどう移民史」ほか）一九九〇〜一九九三
北海道開発庁監修『北海道の開発』北海道開発協会　一九九七
『新北海道史年表』北海道出版企画センター　一九九二
北海道南米移住史編集委員会編『北海道南米移住史』北方圏センター　二〇〇九
国立国会図書館『ブラジル移民の一〇〇年』
駐日ブラジル大使館HPのデータ・在ブラジル日本国大使館HPのデータ
金七紀男『図説　ブラジルの歴史』河出書房新社　二〇一四
ブルーガイド編集部編『ブラジル』実業之日本社　二〇一四
高橋幸春『蒼氓の大地』講談社　一九九四
岡村淳『忘れられない日本人移民―ブラジルへ渡った記録映画作家の旅』港の人　二〇一三

〈筆者略歴〉

北　国　諒　星（ほっこくりょうせい）

1943年福井県坂井市生まれ　札幌市在住　金沢大学法文卒　北海道開発庁勤務などを経て歴史作家・開拓史研究家「趣味の歴史（開拓史）講座」主宰　一道塾頭　北海道龍馬会理事　北海道屯田倶楽部理事「松本十郎を顕彰する会」会員

2006年３月「魂を燃焼し尽くした男—松本十郎の生涯」で第26回北海道ノンフィクション大賞受賞　主な著書に※「青雲の果て—武人黒田清隆の戦い—」、※「えぞ侠商伝—幕末維新と風雲児柳田藤吉—」、「幕末維新　えぞ地にかけた男たちの夢—新生“北海道”誕生のドラマー」、「幕末維新　えぞ地異聞—豪商・もののふ・異国人たちの雄飛」「さらば・・えぞ地　松本十郎伝」、「異星、北天に煌く（共著）」、「開拓使にいた！龍馬の同志と元新選隊士たち」、「北垣国道の生涯と龍馬の影」（いずれも北海道出版企画センター）（※印の２冊は本名を用いて刊行。）

〔本名　奥田静夫〕

歴史探訪　北海道移民史を知る！

発　行　2016年４月20日　初刷
　　　　2019年５月24日　二刷
著　者　北　国　諒　星
発行者　野　澤　緯三男
発行者　北海道出版企画センター
　〒001-0018　札幌市北区北18条西6丁目2-47
　電　話　011-737-1755　ＦＡＸ　011-737-4007
　振　替　02790-6-16677
　ＵＲＬ　http://www.h-ppc.com/
装　幀　須　田　照　生
印刷所　中西印刷株式会社
製本所　石田製本株式会社

乱丁・落丁本はおとりかえします
ISBN978-4-8328-1605-3　C0023